通往幸福的厨房

［日］小暮秀子 等 著
周倩 译

GUANGXI NORMAL UNIVERSITY PRESS
广西师范大学出版社
·桂林·

通往幸福的厨房
TONGWANG XINGFU DE CHUFANG

图书在版编目（CIP）数据

通往幸福的厨房 / （日）小暮秀子等著；周倩译. —
桂林：广西师范大学出版社，2019.9
书名原文：しあわせをつなぐ台所
ISBN 978-7-5598-1945-1

Ⅰ. ①通… Ⅱ. ①小…②周… Ⅲ. ①厨房—基本知识②菜谱—日本 Ⅳ. ①TS972.26②TS972.183.13

中国版本图书馆 CIP 数据核字（2019）第 142360 号

广西师范大学出版社出版发行
（广西桂林市五里店路 9 号　邮政编码：541004
网址：http://www.bbtpress.com）
出版人：张艺兵
全国新华书店经销
北京盛通印刷股份有限公司印刷
（北京经济技术开发区经海三路 18 号　邮政编码：100176）
开本：787 mm × 1 092 mm　1/16
印张：13　字数：80 千字　图：163 幅
2019 年 9 月第 1 版　2019 年 9 月第 1 次印刷
定价：68.00 元

おこめ
おいしい
お米
おにぎり
お弁当
白山米店
(3717)6810

译者序｜
厨房里的小宇宙

汪曾祺先生曾经写过："到了一个新地方，有人爱逛百货公司，有人爱逛书店，我宁可去逛逛菜市。看看生鸡活鸭、鲜鱼水菜、碧绿的黄瓜、彤红的辣椒，热热闹闹，挨挨挤挤，让人感到一种生之乐趣。"这是遍尝生活滋味，但依然热爱生活且懂得生活的人才有的感悟。

熙熙攘攘、热闹拥挤的菜市场，可以说是直接与生活、与周围的世界建立连接的地方。而采购回来，迎接我们的厨房，则是一个相对自我的空间，"它是宛如秘密房间一般的地方"，接纳着属于我们自己的人间百味与喜怒哀乐。厨房，又像一个私人生活博物馆，不露声色地收藏着属于个人或者家庭的生活痕迹与经验。在这本书中，我们将与大家分享七则关于厨房的独家体验与心得。虽然每一位讲述者的身份经历各异：有插画师，有料理师，有米店的"妈妈"，也有杂货铺的"媳妇儿"；每则故事的侧重点也不同：或关于厨房装饰，或关于饭食本身，又或关于厨房物件。但每一篇围绕厨房的体验，都是讲述者经历辛苦，甚至遭遇失败，在经年累月的生活中总结出来的真实感受与心得。每一则简单质朴的故事背后，都流露出讲述者对于厨房的珍视和对生活的热爱与感恩。这种情感，也使每则个人化的细小琐碎经验可以跨越时空的隔阂与文化的差异，如话家常般传达给每一位拥有相似体验与情感的阅读者，带给我们重新认识"厨房"的契机：原来厨房也可以这么有趣，如此有爱。

在这本书讲述的几段故事中，关于"粗家什"的松野绢子女士的故事尤为吸引我。这其中或许有个人体验的关系，她的"手缝抹布"唤起了我幼时的回忆，因为我的姥姥也喜欢用棉纱布和手绢自己缝制抹布，我至今仍记得那种触感，握在手里软软的。另一个重要原因是我想知道，当速食主义裹挟于商业化的浪潮中席卷而来，当我们的厨房俨然理所当然地被工业化制品包围之时，是什么支撑着带有上个时代浓厚气息的“粗家什”营生存续至今，又是什么吸引她一直保持着手缝抹布的习惯。

于是，在书稿翻译大致成型时，我去东京拜访了她的“生活的工具・松野屋”。从日暮里车站出来，往谷中方向爬上一小段缓坡，就会迎来一个小小的分叉口，从右手边的岔路口走进去，一眼就能发现她们家的铺子，因为门口整整齐齐地摆着各式竹筐、竹笊篱、棕毛刷帚，以及白铁皮水桶和花洒等等日用杂货，远远地就能闻到竹子和稻草制品散发出来的清香。谷中的这家店铺是八年前刚开业的，主要业务是零售，比起位于马喰町那家专营批发的总店，这个店铺要小很多。但经营的品种却很齐全，除了她在书中介绍的“粗家什”之外，还有自家设计的衣服，以及丈夫手工制作的帆布包、皮革手包、印章盒等。

在狭小的店面里，我见到了松野女士，当时她正忙着为顾客介绍刷帚的材质。京都出身的她，很有日本古典美人的神韵，一双细长的眼睛笑起来像两轮弯弯的月牙儿。虽然事先约定了采访时间，但看到生意太忙，店内空间又窘促，在与松野女士简短地寒暄过后，我便退到店门口边看杂货边等她。其间，令我吃惊的是前来购物的客人有一半都是年轻人，有很多更是来自欧美的游客。在并不太久的等待时间里，我听到了不只一次对“粗家什”的赞美：好可爱。而她们赞美的对象是竹编购物筐、白铁皮花洒，甚至是扫帚和刷帚。

在后面的采访中，我也向松野女士讲述了自己的疑惑：为什么年轻人会对简单的“粗家什”产生兴趣？她笑着回道：“大概是因为‘简单’。”正因为简单，所以一切无用的设计都省略掉了，只保留下来最朴素也是最实用的部分。同样因为简单，使用起来没有烦琐的操作，还可以根据自己的生活式样DIY出自己的用法，对于生活节奏快的年轻人，这反倒成了一个很好的放松方式。

松野屋的“粗家什”，除了白铁皮类制品是由一家小作坊半机械化生产的之外，大部分的物什都是纯手工制作。其中竹编购物篮、稻草锅垫以及扫帚等物件，都是由岩手、新潟等地的农家在农闲时手工制成，而制作它们的手工艺人平均年龄已超过80岁。在百元小商品店遍地开花的日本，在周围的世界充斥着量贩式生产的廉价化工材质商品时，这些因为手工和材质的关系，略显高价又难保证产量的物品变得身份有些尴尬。“因为很多人开始把它们当成工艺品对待，它们就此变成了装饰品。这自然也不是坏事，只是‘粗家什’原本就是拿来用的，它们是生活的一部分，会随着时间的流逝和使用次数的增多而磨损，最后报废，回归自然。‘使用—消亡—换新’这是属于它们的循环，保持循环才能保证生产性，才能让手艺传承下去，‘粗家什’所承载的时代记忆和生活文化也才能继承给新一代。所以让大家都对‘粗家什’产生兴趣的同时，更深入地了解它们的用法，也是我们一直在努力的事。”牧野女士谈到这里，拿给了我一本《粗家什图鉴》，那是她的丈夫牧野先生的书，专门介绍各类粗家什的材质、用法以及制造它们的手艺人。不仅如此，他们还在日本各地开设工作坊，现场展示‘粗家什’的制作过程与使用方法。

记忆与文化需要载体。如果说以前的粗家什承载着上一辈、甚至更久远一代人的生活痕迹的话，那么属于自己家庭的个人化物件，则具有保存家庭记忆的功能。对于松野女士来说，“手缝抹布”就是这么一个载体，它保留了自己与婆婆共同生活的时光，又增添了属于自己的生活特质。

松野女士的婆婆，富久子奶奶生于大正[①]十三年（1924年），已经是94岁高龄，依然精神矍铄，每天六点起床洗漱化妆，七点用早餐，之后便独自去游泳馆游泳，蝶泳一口气可以游个来回。在与婆婆一起生活的时光里，关于家务，松野女士称自己学到了很多：“做家务本身就是一个家庭里自然传承的东西，缝制抹布是其中一种。自己手缝抹布也不是为了追求某种乐趣，而是在维持一个安稳的生活节奏。自然而然地做着这些家务，可以使内心平静。无论当天发生过什么事，在做这些日常家务的时候，就能回归到平常心。以前的女性，大概也是靠这个度过那些艰苦岁月的吧。”

从父母到子女，从婆婆到媳妇。这些生活的习惯和智慧，如同自然界的一切生成循环一般，悄然在生活间传承了一代又一代。物品与习惯如此，饭菜的味道也是同样。家

---

① 日本年号。大正时代从1912年7月30日至1926年12月25日。——译者注

的味道大概可以说是每个人从家人那里继承的最珍贵的私人财富。厨房，正是见证这些传承的非唯一但最独特的场所。同时，厨房还反映了每个所有者当下的生活状态。

就我而言，在接下这本书的翻译工作时，正逢课题研究的瓶颈期，人际关系与日常琐事的压力也挥舞着“刀叉剑戟”向我袭来，每日应付这些已经是“只有招架之功，没有还手之力”。当时，厨房在我“研究室—图书馆—卧室”这三点一线的生活中好似不存在一般，或者说我焦虑的状态夺走了自己可以投放到厨房里的余闲。然而在我反复翻阅这本书的过程中，却常常会为里面讲述的生活细节感动不已，也由此开始尝试与自己的厨房“相处”。现在，每当疲惫不堪之时，比起钻进被子蒙头大睡，我开始习惯用做饭来放松自己。打开自己喜欢的音乐或综艺节目，抛掉一切只专注做好自己的这一餐。之后，除了饱腹的满足感，更多的是可以在关掉烦恼事的开关后使心情平静下来，灵台一片澄澈。这是这本书带给我的滋养和改变，而我和本书相关的每一位都“贪心”地希望它也能带给大家一些正向的触动或者改变，哪怕只是一点点，也足以成为我们努力下去的动力和支撑。

2018年10月

于红叶满阶的京都

《通往幸福的厨房》

一天之中，
你有多少时间，
是在厨房度过的？

如果是学生党，也许是早晚间的几分钟。
对于两人都有工作的夫妻来说，则是迅速做好饭的那几十分钟。
若换作有小朋友的家庭，
则是在咕嘟咕嘟地炖着菜之余，
与唤着“妈妈，看呀”而拿来各色物件的孩童，一次次互动的时间总和吧。

厨房，
不仅仅是做饭的场所。

它是宛如秘密房间一般的地方，
我们时而哭泣，时而欢笑，时而追悔懊恼，
有时又只愿一个人待着——
无论何时，它都会安静地接受并守护着我们。

只要这里环境舒适，
那么，一定会感觉家庭、家人以及生活的全部，
都随之变得幸福。

“什么样的厨房，
会给家庭带来幸福感？”

为了探寻这个问题的答案，
我们拜访了稍多些人生经验的前辈，
把听来的经验整理成册，
做出了这本书。

使环境舒适的室内装饰
让心情游刃有余的统筹安排
家人间更高明的沟通方法……

这都是前辈们历经辛苦，遭遇失败，在经年累月中发现的窍门。
也正因如此，她们才更能对我们的苦恼感同身受，爽快地传授给我们经验。

“没关系，
试着去做，也许会有意料之外的乐趣呢？”
前辈们如是说，为我们加油鼓劲。

厨房的工作是每天的事。
既有疲惫不堪、神经敏感的日子，
也有默默忍耐的时光。

如果这本书，
能时时伴您左右，成为您内心的支撑，
那便是我们的幸福。

目录

CONTNETS

001

室内装饰

小暮秀子 插画师

027

统筹安排

坂井顺子 料理教室经营人

甜食 城户崎爱

料理师

工具 松野绢子

生活的工具·松野屋

习惯 那须特拉比斯修道院

怎样的厨房

会使人心情舒畅呢？

尝试只放置自己喜欢的物件，站在那里目之所及，全是自己的“心头好”，便是幸福。

——插画师 小暮秀子

小暮秀子：生于1947年。曾从事服装设计工作，后转型为插画师、散文家。连续18年在博客上登载介绍每日三餐光景的“饭食日记”。配合每个时期的生活方式更换居所，现在的房子是搬过的第21间。著有《漫步巴黎》（东京书籍/光文社），《住过这样的房子》（立风书房），《小泉今日子×小暮秀子 信件往来》（SS通信）等多部著作。

用来装饰厨房墙壁的，是之前为个人展制作的摆件。
看上去既像红酒瓶又像水罐，设计风格落落大方。
温和的橙色是主色调之一。

住在巴黎时，从跳蚤市场淘来的蓝色珐琅锅。
家里没有水壶，无论泡茶还是煮菜都用这一款。

将厨房
放在生活的中心

搬到横须贺来，是在两年前。房子在一座能远眺大海的高台之上。

也是因为不能像在东京生活时那样，可以随便去附近店里吃饭，所以在家里用餐的机会便多了起来。白天，我在画室，做摄影师的丈夫则多半待在暗房或书房里。早中晚一起用餐。我们在此吃饭、聊天，有时也一起做饭，因此厨房和餐厅得是对两人来说都轻松愉悦的地方才好。

这次是我第二十次搬家。巴黎的公寓，东京都内的事务所兼自家住宅，山中居所……虽然地方和空间大小各不相同，但我每次都利用从跳蚤市场淘来的道具或是从前自己爱用的物什、自己的作品摆件等，把它打造成属于自己家的模样。搬到新家时，首先着手改造的便是厨房。“也许放这里会适合吧”——像这样，使被束之高阁了一段时间的物件“复出”，或者尝试与以往不同的使用方法，都很有意思。

如今有了充裕的用餐时间，比起以前，厨房也就更加占据了生活的中心。对于空间创作我也乐在其中，感觉这一次也改造出了一个好地方。

摒弃
先入观念

想要让待在厨房的时间变得快乐舒心，就需要摒弃对厨房所用物件的先入观念。

例如，可以把圆餐盒放在家里当作普通容器使用；“肚子饱饱却还是想吃一小口饭”的时候，不妨用茶碗代替饭碗盛饭。以前用来放化妆品和沐浴液的架子，如今被我用作牛奶咖啡杯的沥水台，也是出乎意料地合宜。房间配置也是一样，如果一开始就规划好，这里是卧室、这里是客厅的话，我就会总觉得哪里受拘束。不要被“××用途”这一先入观念束缚，觉得“嗯，不错啊”的物件，时不时去考虑它的新用途，也是一种乐趣。

前几日，我把陶炭炉搬到排烟罩下，做了次“柜台烤肉”。因为要站着烤，有身临其境的感觉，丈夫看上去也很满意。料理与就餐的形式，就是要各式各样才好。

烛台●前几日停电的时候，大大发挥了它原本的作用。烛火下用餐，十分浪漫。

用来放陶制牛奶咖啡杯的，是在上一个居所的浴室里使用的铁架。
前方的烛台上晾着大蒜和餐具垫。

Larsen & C
COGNAC
Cuisinart

厨具
也是室内装饰

把厨具挂起来兼做室内装饰，是我一直沿用至今的方法。这一方法，很早以前就见诸欧洲的室内装饰杂志，我也把它应用到各色物件上。原本，我就不擅于把所有东西都整齐地收纳起来。用悬挂的方式，就会对什么东西在哪里一目了然。而且在做饭过程中，随手拿来就用也很适合我。从深口锅、平底锅、锅铲、计量杯到打泡器，都原样拿来装饰厨房，也是极好的。

原则只有一个：厨具只选自己中意的，以便无论挂起哪一件，都能成为喜欢的风景。即便只是一柄大勺，也有各色形状和设计，只要去找，偶尔就会碰到稍稍罕见的，或自己一直向往的那一款。兴趣因人而异，所以喜欢花纹或者色彩绚烂装饰的人，按自己的兴趣统一风格就好。我们家里的物件，既有从跳蚤市场淘到的，也有在合羽桥购置的。只要觉得好用，老旧的或是非家庭用的实惠款，也来者不拒。这大概就是我的世界吧。

锅具●从巴黎买来的一套蓝色珐琅锅，共5个。虽然从巴黎搬家后，常常闲置不用，但这次重新启用了。和白色墙壁很搭。

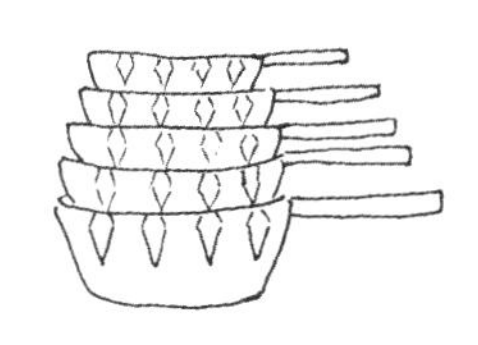

附带托盘的蓝色挂板，购于跳蚤市场。
在欧洲的小厨房里经常可以看到的设计，托盘大概是用来接水滴的。

岛式厨房的水槽周围。
宜家的晾碗筐和古董毛巾架，虽然产地与年代各不相同，但作为室内装饰我都很喜欢。
位置突出一些，也不会碍眼。

无须遮掩地
摆到方便的位置

厨房里也有许多“不得不放的东西”吧。比如，水槽旁边要有晾碗筐，筐子旁边又要有抹布之类。也许有很多人，会讨厌把这种容易带出生活感的东西，放在显眼的位置。然而，正因为是实用的东西，所以若不放到方便使用的地方，也就失去了意义。既然如此，那便要寻找自己喜欢的设计。在这一阶段下足功夫，在日常生活中使用，也就没有压力了。

我现在用的晾碗筐，是在宜家买到的。样式小巧，又能严丝合缝地嵌到水槽沿儿上。看到刚好合适，就把这里用作了它的固定位置。旁边再放上一个熟铁架子，用来搭晾厨房盖巾。

铁架原是放在浴室里挂毛巾用的，放在这里高度刚好合适，用起来也顺手。于是，这里就成了它的新位置。

对于厨房，我喜欢多少放一些东西，这样才有生活气息。要是害怕放多物件太煞风景，而变得缩手缩脚，大概是因为没把这里当作“自己的厨房”吧。大方地把自己喜欢的物件放到方便使用的位置。虽然这也许是理所当然的事，但若能不勉强自己，又能美观与实用两者兼得的话，厨房不就变得令人舒心了吗?

纵观全局
来决定布局

搬家后，首先要做的事，便是整理厨房。这个家也一样。在房间还空荡荡的时候，我就远远地审视着厨房空间，从“对啊，挂上点什么试试看吧”的想法开始着手了。

先是把一直使用的铜锅挂上去试了试，然而总觉得哪里不对。于是，拿闲置良久的蓝色珐琅锅试了一下，没想到衬着象牙白的墙壁很是漂亮，而且从远处看上去也很和谐素净。虽然都是自己喜欢的锅子，但因装修风格与房间大小的不同，也会有合适与不合适之分啊。放上之后，稍微走开一点去审视，只要留意色调与大小，就能发现是否合适。因此决定布局的时候，不要逐个局部去看，关键在于留出宽阔的整体空间，来确认是否有平衡感。

对于一些实在没有好看设计的家电，就寻找让它们不那么显眼的方法。比如，把电饭煲放到架子最下面的地板上，微波炉选择微波烤箱一体式的嵌入到厨房里。把东西收纳到合适的位置，就距离“目之所及，全是心头好”的厨房更近了一步。

搬家后，新购置的开放式橱柜。
上面一层用英国的旧水罐、摩洛哥的
塔吉锅等蓝色系的餐具来装饰。

代替家庭吧台，用来收纳酒瓶和酒杯的小推车。
“并不是说，只要是旧的就是好的，而是因其保留着已经消失的设计，所以才具有价值。”

左上／吊篮上再加一把S形挂钩，实现“多层悬挂”
左下／芝士的空盒用来放置牛奶壶等
右上／每天早晨使用的低速榨汁机
右下／硅胶材质的红色连指手套在烤箱旁待命

只要喜欢，多多益善

在决定搬到这个家之前，就曾经跟丈夫说过："要不近期搬到一栋小房子里，过过简单充实的生活吧。"就像有人在时尚和化妆上用心一样，我是会对家投入精力的类型。我喜欢选购家具和餐具，甚至曾在新房子建好的时候，不惜跑到摩洛哥去买瓷砖。只要设计符合自己的设想，或者是自己中意的物件，在能负担的范围内，我会毫不犹豫地买下。即便已经越买越多，但只要自己能乐在其中就好。

比如餐具垫，我喜欢布制品以外的自然材料，不知不觉间已收集了二十多套。用法式热吐司和草莓盘子搭配酒椰纤维垫，吃拉面的话就配上圆形的藤草（印度尼西亚产的水草）垫。这样，每一餐，都很快乐。

家里还有诸如芝士盒子或者酒瓶之类，并不是为某种用途，而仅仅出于喜欢就保留下来。把它们在架子上摆开，或者叠放在那儿，仅仅是远远看着也是种小幸福。空盒子用来装糖果，古董酒瓶用来盛梅子酒，有了可用之道，乐趣也会随之增多。

虽然一度兴起了"断・舍・离"的热潮，但我并不以为意。都是自己一点一滴收集起来的物件，比起绞尽脑汁去想要丢掉什么，不如好好想想如何利用。

自然材质的餐具垫，随意地收纳到篮子里。

卷成筒状，插在红酒架上的餐具垫是用竹子做的，无论是吃日餐还是喝茶，都可以拿来用。

柜台下面的空间刚好可以放入宜家儿童房的收纳柜。
盒子很轻便，收纳的物品可以轻松取出。颜色选择了白色。

把无须展示的物品收纳起来

一收起来便容易忘记，所以我一度对收纳感到棘手。现在也主要是把东西悬挂，或者摆到开放式橱柜上，不过这个家的厨房原本就配备了完善的收纳场所。因此，想着借此机会学习一下收纳。

其中一处进展顺利的，便是柜台下的空间。柜台没有抽屉，空荡荡的，不弯腰就很难取出里面的东西，这也是一个使用难点。于是，我买来了宜家儿童房用的收纳柜，用来放置细碎的小物件。因为小巧，放进去后也能关上柜门。边楞是松木材质，盒子则是合成树脂做的，轻便也是它的魅力之一。像这样，儿童用的家具也可以拿来利用。颜色上只要不选五颜六色，而是选用白色的话，就不会破坏空间的统一感。

这里主要放面粉、罐头之类，以及便当盒与工具等这些摆出来也不能成为室内装饰的物件。在之前的家里，这类物件都要塞到盒子里，或者得留神不要让它们太显眼。有了这个收纳之处，只需随意地收到里面就好，轻松多了。

享受变化

住在可以瞭望相模湾的地方，我养成了约一周去一次三浦半岛采购的习惯。每回都要到农协直销所、鸡蛋店，以及美味的面包店逛逛。这里的西洋蔬菜也出乎意料地丰富，甜菜、小绿叶菜、羽衣甘蓝等，据说是受到东京都内餐厅的委托而栽培的，有时也能遇到些稍稀罕的玩意儿。在这里，季节的变化一目了然。遇到青黄不接的时候，蔬果阵容会完全改变，着实让人吃惊。正因如此，时鲜蔬果上市的时候，也就尤为欢喜。

我一般从五点开始准备晚饭。有时也单手拿着啤酒，边喝边慢悠悠地做。丈夫开始踏足厨房，大概是他搬到这个家后最大的变化。他的拿手菜是大块烤肉。前几天，在合羽桥买了烤肉用的不锈钢容器，原本只放置我个人物件的厨房里，开始加入了丈夫的工具，也是种新鲜的体验。

接受新情况，不断随之改变是有趣的。变化带来的刺激，也许会使饮食与交谈的时间变得更加愉快。

农协直销所●店名“Suganagosso”是从“横须贺之美味”引申而来的。在这里可以买到很多三浦半岛所产的新鲜蔬菜。

在直销所出售的蔬菜中，甚至有一些是从未见过的。
日野菜芜菁、水芜菁、红心菜等，仅仅芜菁这一类蔬菜就有多种类型。
菜茎呈红色或黄色的就是甜菜（唐莴苣）。

成为大人之后
就要当机立断

遇到自己喜欢的东西，总是禁不住欢喜地唤出“真可爱！”于是，暂且把用途抛到一边，先带回家再说。漩涡型打泡器，沉甸甸的柑橘榨汁机，芝士图案的彩绘盘，等等。各色物件，别的房间自然也有，但厨房才是第一等的宝库。

假如你想于生活中被喜欢的物件围绕，那我建议一定不要错过这种邂逅。特别是有了自己专属的风格时（比如，只喜欢白铁皮的容器，或尤其钟爱边框），这正是自己的触角变敏锐的表现。相信自己的直觉，先买到手，之后再慢慢考虑与之相处的方式就好。

需要事先了解的是，好东西不会一下子就被发现，或者可以说可遇不可求。我也曾经历过无数失败，即便如此，我依然多看、多感受、多买多用，才有了今天的样子。兴趣靠自我培养，要是自己还有些想去享受厨房时光的心思，就再好不过了。无论是谁，长大成人之后，就一定会拥有时间和空间上的自由。为了那个时候能够尽情享受，要训练自己能不错失“心头好”才行啊。

刚搬到巴黎的时候，想着“首先得有喝咖啡的东西”而购入的杯子与茶碟。
购入的年月、地点、大致的价格以及那时的回忆都一起装载在这里。
背面刻着“made in Czechoslovakia（捷克斯洛伐克制造）”。

可爱的挂钩也是亮点

悬挂厨具的一角

把厨具悬挂起来，是从我在欧洲杂志上看到，觉得不错而开始尝试的方法。在这个家里，各处都挂满了小型的吊杆，挂板以及挂钩之类，厨房变得非常热闹。

大到深口锅、平底锅；小到蔬菜削皮器、红茶滤网，都挂在这边。打泡器、笊篱之类，若是放到抽屉就会太大的东西，像这样挂起来，取用也顺手，十分方便。

虽然形状大小各式各样，但整体空间看上去并没有堆成一团，大概是因为统一了主题色调的缘故吧。主色调是蓝色系，其他则集中到银色、黑色与木材的茶色。

* 挂杆从哪里购入？有特色的设计淘于跳蚤市场。上面挂的东西，也适合选老物件。简单的挂杆主要来自宜家。这种也可以根据用法调节，非常方便。我们家里长杆有两根，短杆有一根，使用挂杆也有突出白色墙壁的效果。

蓝色带托盘的挂板

约30年前，购于巴黎跳蚤市场。有一根用来悬挂挂钩的吊杆和一块放置细碎物件的托盘。

漩涡纹样的打泡器

握住手柄垂直按压的话，漩涡部分就会旋转。在跳蚤市场发现它之后，用它来制作蛋黄酱等，非常得心应手。

水壶类及夹起来的便签

跟计量杯与珐琅水壶挂在一起的是“芝士的食用方法”，美术展的门票也夹在一旁。

这边的托盘用来放置调味料

白铁皮材质的挂板。托盘上摆着七味粉等调味料。另外，挂在照片左上方墙上的是凉粉刮子！

挂上整套红酒锅

按大小顺序悬挂。最大的那一口，虽然底部漏了一个洞，也照样挂上去。

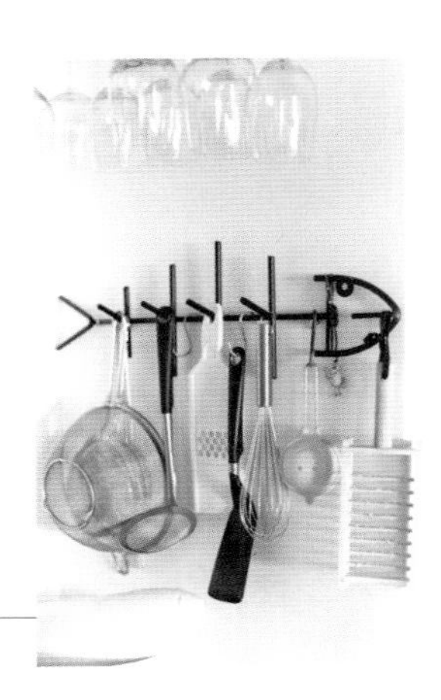

表情滑稽的鱼形挂钩

做成鱼骨形状的挂钩上挂着打泡器，萝卜泥刨子，笊篱。

厨房的工作应该如何开展

才能游刃有余呢？

细微功夫的积累。

只要掌握了统筹安排的诀窍，之后“见好就收”也无妨。

——料理教室经营人 坂井顺子

坂井顺子：生于1946年。现居神奈川县叶山町。在自家创办料理教室。发挥自己40年的主妇经验积累，把传授简单家庭料理的做法与分享人生智慧结合在一起的讲述方法，备受大家好评。她还组织开展座谈会等活动来帮助年轻妈妈们，受到各年龄层女性的欢迎。著有《传承生活～顺子式享受四季的家务》（技术评论社），《编织生活》（技术评论社）。

水果放在从镰仓买到的竹篮里，置于空调风吹不到的厨房一角，那是它们的固定位置。架子的最下方用来临时存放孙子们放学归来的书包，也能得到有效利用。

每日的饭食
是料理人的特权

我很久以前就认为，每日的饭食是料理人的特权。也可以有这样的时候，比如，今日中午与朋友吃了大餐，所以晚饭就想用些清淡的食物。关于吃的主导权，一直在我们手里，要请家人来配合我们。下厨是特权，所以主妇可以在这种情况下，按照自己的喜好去做。

一日三餐，一个月就九十次，一年则达到千次以上。在某个瞬间，当我意识到这一点，自己都吃了一惊。即便其间有时会外出用餐，或者买回来现成的食物，但对于做饭的人来说，如果没有一副相当轻松的姿态，就无法坚持下去。就算是被唠叨“今天的味道真寡淡啊”，也只需回一句“哎呀是嘛，对不住”就好了，不要让自己神经紧绷。在与年轻妈妈的座谈会上，我也经常跟她们这样讲。要是想出去玩，就快速地完成煮饭的初步准备工作，然后出门就好。既然说是“特权”，那就希望你能找到属于自己的统筹安排之法。

椭圆形的托盘，用来盛放一人份的套餐刚好合适，我也喜欢用它来代替餐具垫。
午饭只是热一下前一天的剩菜。
不特地去煮午饭，是我的一贯做法。

厨房的柜沿上放上一块小钟表。

“在日常中只要把握了自己洗碗擦地之类做某件家务需要花费的时间，那么即便是细碎的空闲时间，也能有头绪地合理利用起来。”

自己
自由安排时间

我的厨房工作模式，是把任何事都预先安排好之后再去做。虽说主妇的一天，主要工作就是准备晚饭，但如果在傍晚的繁忙时段才从洗菜煮高汤开始准备的话，工作难度就会增大。因此，我会趁着中午的时间处理好蔬菜，或者做好之后储藏到冰箱里。事先在一定程度上完成煮饭的基础准备，已经成了我长年的习惯。

首先，是在解决早饭的同时，做好一份晚餐的小菜。虽然一般都做炖菜，但若是煮蔬菜或者炸豆腐的话，很快便可以做好，也不花时间。即便是想要慢慢炖煮的焖菜，只要从早晨开始准备，就有充足的烹调时间。味噌汤里必不可少的高汤，以及自家调制的面汤头，都会统一做好储藏在冰箱里。时间再充裕点的时候，连简单的常备菜都会提前做好。

人们常说，主妇的工作无休无止。不过，只要方法得当，也能十分自由。如果每天都力求完美，那么自然会疲惫不堪，但要是确定了最低限度的基准，之后按着自己的安排有效地进行就可以了。

统一采购
既省时又省力

统一采购，是四十年以来的习惯。刚结婚的时候，附近商店少，需求所迫才做了这个决定。如今是和女儿一家以及儿子一家三代同堂，对食材需求量大。直到现在，就算就餐的家庭成员构成时常变化，但每周六同女儿一起去超市的习惯，从来没有改变过。

每次去都要采购四筐，共计一周份的食材。所选购的东西大致都是定好的：蔬菜、水果、大豆制品、面粉类、干货，还有孙子们的零食。只有肉与豆腐，对新鲜度有要求，所以只买周末要用的量，之后就靠从附近的个体商店购买。

统一采购的好处是可以将购物时间、整理和基础处理的时间，都降到最低限度。卷心菜和大白菜直接买一整棵，经常要用的洋葱则买大袋装的，土豆一并买入一箱五公斤的。就算是买多了些，也可以拿来做醋腌洋葱、土豆沙拉、素炸牛蒡……只要有了这些，到了一周的后半段也能做出有营养的料理。羊栖菜之类的干货也很方便，因为只要有保质期长的食材，到下次采购之前的安排就很轻松了。

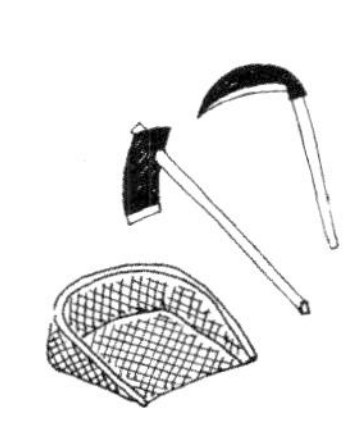

蔬菜●丈夫在打理自家菜园。这里栽种的蔬菜，使得一年之中家人总能吃到些绿色的食材。在冰箱里没有蔬菜库存的时候，可是帮了大忙！

四只超市购物篮成果的一部分。
选购的东西大致都是定好的，所以每次花费都差不多。
一周只采购一次的话，也能节省往返时间。

使用时
更轻松的整理方法

立刻整理买回来的食材，也是我的习惯之一。由于家里用的是大容量冰箱，为了避免找不到东西，所以储物架的每个角落，甚至冰箱门的小盒子都规定了席位。确定了收纳位置的话，整理工作也不用耗费脑力，短时间内就能顺畅地完成。

首先要处理的是肉及豆腐等生鲜类。之后，清洗带叶的食材。蔬菜也趁这个时候做一些基础处理。生菜洗净，洋葱切碎，装到铺好吸水纸的便当盒里，放入冰箱。像这样事先准备好，需要的时候就能即刻拿出来用，非常方便。另外，我家的便当盒全是四方形的。既方便放入冰箱，盖子和容器分别收纳的话，还能严丝合缝地叠起来，节省空间。

干货类都放到带门的专用架子上。全麦粉、米粉之类的指定席位在柜子中间，换到刚好五百克容量的瓶子里放着。其实，这个是之前装速溶咖啡的瓶子，虽然有点重但样子我很喜欢。十年来，用完就再添满，一直用作存面粉的专用瓶。

最后，整理完孙子们的零食就可以收工了。一周份的食材，约三十分钟就能整理得干净利落。

左／全麦粉、米粉是常备品。按当天的心情决定用哪一种。米粉做出来的口感稍稍劲道一些。

右／葱绿切碎，葱白切成大段放到冰箱里。

收纳到地板下时，白菜以及卷心菜之类的带叶蔬菜要整棵放入。
外面的叶子不要丢，在包上报纸之前，先用外叶包裹。
洋葱和土豆也是买来几公斤常备家中。

带叶蔬菜整棵购入，充分利用

白菜和卷心菜都是整棵买来。这么做最大的原因是如果切开，菜就容易从切口开始腐坏，没有切口的才能长久保持美味。

在保存方法上也要下一点简单的功夫。首先，摘掉外面的叶子之后，留着不要丢。储藏剩下的部分时，先裹上外叶后再包报纸。也可以用厨房纸巾代替报纸。这样可以有效防止干燥，菜叶也不会发蔫，可以很新鲜地全部吃完。

此外，储藏位置也不是冰箱而是放到阴凉处。我们家是放到地板下面。为了保证通风，中间用纸袋隔开，竖立放置会储藏更久。比起买切成小份的，买整颗还能节省开支，希望成员少的家庭也可以试试这种方法。

除了绿叶菜，胡萝卜、洋葱等根菜类，味噌，梅干之类也可以放到地板下。因为阳光晒不到，根菜类不易生芽，味噌也能自然发酵成熟，口味变得浓郁香甜。以前的老房子，大都有这么一个储物的地方，实际用了之后，更是再一次为前人的智慧折服。

报纸●萝卜或者毛芋头包上报纸后，能刚刚好地阻挡湿气，使储存更持久。葱也一样，若是放到通风处则容易发蔫变软，所以也要靠报纸关照了。

用“速食料理包”帮助做准备

我们家的冰箱里储存着各式各样的“速食料理包”，有了这些就能在短时间内做出一道菜来。除了高汤和面汤头等手工制作的调味料外，再放上一些闲暇时制作的酸甜胡萝卜丝和醋腌洋葱等半成品的“速食料理包”，平时做饭就可以游刃有余了。

贮藏的料理包各种各样。既有料理好装瓶密封的，也有趁旺季时冷冻了一年用量的。而一年四季都常做的，要数煮干香菇了。买来香菇后，把整袋都泡发，然后水煮。冷却后用真空密封袋分成小份和汤汁一起冷冻起来。虽然从泡发这一道工序开始做起相当麻烦，但有了存货后，什锦寿司也能随想随做，多彩炖菜也很容易料理了。

在冬日盛产柚子的时节，取两三个，剥皮榨汁分别冷冻起来。如果每次用皮的时候才去现削，果肉就会坏掉，像这样冷冻起来，可以避免浪费。一年之中，或是用来装点凉拌菜，或是给汤汁提香，自得其乐。

多彩炖菜●餐桌上的常客，主要是炖菜、时蔬和干货的煮物。这些从自己带孩子那会儿就是家里的固定菜品，现在孙子以及美国的女婿也很爱吃。

左 / 煮好的干香菇，和汤汁一起放到小密封袋里冷冻。
右 / 冷冻柚子皮和柚子汁，这些就足够一年使用了。“只需一点就可以增添色彩和风味，料理的格调也提升了。”

Ziploc

某一天的午餐套餐。
这一天是炖白菜与炸豆腐，柠檬煮白薯等，以固定的炖菜为主。
添上一杯热乎乎的日本茶，端去给在书房用餐的丈夫。

午饭是
“烤饭团套餐”

我家午饭的菜单一直是同一种。菜是重新热一下前一天的剩菜，主食是碳烤冷冻饭团。虽说菜是剩菜，但每天至少换一样，所以不会吃腻。盛上三种左右的菜品，做一个卖相良好的拼盘，一份午餐套餐就此完成。偶尔也做面，但基本上都不会特地去煮午饭。下午，直到孙子们放学回来之前，都是自己的时间。不在午饭上费工夫，或许就是厨房工作刚刚好的程度。

别人经常觉得不可思议的是，午饭我也是与丈夫分开吃。丈夫按照他自己的日常安排，早晚要工作或去自己的菜园子料理农活。我有时也要出门和年轻妈妈们开座谈会，或者去和朋友吃午餐。这种时候，就要拜托女儿或者儿媳来准备丈夫的午餐，如果每天的套餐是固定的，那么委托方和被委托方就都轻松了。

一日有三餐，所以不妨灵活考虑准备的方法与用餐方式。按照自己的“见好就收”去做，有时会突然觉得，“今天也很幸福”。

三代人的统筹生活

也许是万事都事先安排好再去做的缘故吧。无论是做几个大人的饭，还是只做与丈夫两人的，感觉花费的工夫并没什么区别。住在同一屋檐下，一天之中总要分点什么菜品给住在二楼和三楼的孩子们家。

炖菜之类的分量太少也做不出味道，分给他们之后我们就不用一直吃同一道菜，也帮了我们大忙。有时女儿或是儿媳妇也会为我们送来饭菜，托他们的福，我们夫妻俩的餐桌也丰富了起来。

本来是为了让自己轻松些才实践的统筹生活。虽然并没有特意要教的意思，但女儿好像很早就开始留意家务事了，碰巧，儿媳妇也是事先准备派。与我这个专职主妇不同，她们两人虽然都有工作，但为了自己和家庭，也在有效地安排厨房的工作。

有趣的是孙子们，玩具一定会自己收拾，而且叠个什么东西时也跟我的叠法一样。比起特意去教他们，用做给他们看的方式，孩子们也能自然而然地记到心上。整整齐齐的样子能让人心情好，大概对大人小孩来说都是一样吧。我远远地看着他们，露出了欣慰的笑容。

因为生活在一个屋檐下，像烩菜这种带汤的菜也能轻松分享。
“把洋葱用微波炉加热后再炒，就能在短时间内做出香甜的口感。”

“重新归位”也是统筹的一种

站在厨房工作的时间里，要进行无数次的“重新归位”。这是指，觉得料理台乱糟糟的时候，即便是在煮饭的中途，也要暂时把调味料或厨具放回到指定位置。如果手边乱成一团，最终也会变成东寻西找的状态。这样，即便知道之后还要用，也暂且把现在拿出来的东西全部收拾起来，恢复到什么都没有的干净状态。视野整洁了，头脑也会更清醒，接下来的工序安排也容易想出来。

在我们家，无论多小的物品都有指定位置，归位也是个无须思考的工作。在这个过程中只需动手，大脑可以用来思考“接下来该做点什么”。可以说，多亏了有“重新归位”的时间，才能有统筹安排的余闲。

尝试做一下，顶多也只是花一两分钟的事。料理台以及水槽干净了，自己也能重新鼓起干劲。煮饭的人心情愉悦，料理也会变得美味。还能防止东西掉落或者打碎。我家的厨具有很多使用达数十年的“选手”，或许也是多亏了这个习惯。建议大家在炖煮的间隙、削皮的空当，也以此换换心情，时不时试着做做看。

橡皮圈、面包袋的封口铁丝、点心外包装上的丝带等都收到点心盒的内箱，放到抽屉里。
在“重新归位”时，拿来给正在手边的食材暂时封口，也非常便利。

为了不存要洗的东西，特地选了小尺寸的洗碗筐。
三家人一起吃过饭后和儿媳妇、女儿三人分工洗净，擦干。
最后擦干净洗碗筐，收工。

要适时地
给厨房工作“画句号”

当了主妇，应该有很多时候，一不留神就已经在厨房里站了小半天。不过，如果厨房待着舒服，我竟也不可思议地并不觉得疲惫。无论是做饭，还是打扫，家务活的成果都能看到眼里，所以非但不累，兴许反而还会觉得心情舒畅。

对我而言，待着舒适的厨房是指所有的物品都归置到指定位置，所有的角落都打扫干净。这与新旧，大小，以及厨具是否为特别定制没有任何关系。睡觉之前，把所有用过的东西都放回原来的位置，丢掉厨余垃圾，使水槽和洗碗筐恢复到没有任何东西的干净状态。然后，晾好抹布，就此结束今天的工作。虽然常说家务没有做完的时候，正因为如此才需要自己给它“画上句号”。我认为，这个非常重要。

以前常说“厨房是女人的领地”。这里应该按照女人的喜好，以及更容易使用的方式来设计。主妇的工作，也可以非常开心，这取决于个人的工作方式。同时，也由厨房的样貌来决定。也就是说，厨房的工作是否开心，取决于在那里的人。

向坂井顺子女士咨询

柚子汁与果皮的储存方法

以前见到的冷冻柚子皮给了我灵感。只要在冬日盛产柚子的时节做好，一年之中就可以在自己喜欢的任何时候使用。

原本是因为柚子只要削掉一点皮就会很快变质，我觉得可惜才开始尝试冷冻。虽然是平素里也许会丢掉的东西，但只要在做好的料理上稍稍加一缕柑橘香，也会让人舒爽安心。少许便可，只要随时都能轻松拿来使用就好。于是就开始这么储存了。

挤果肉时需用大力，若用厨房纸巾来包则可能会破掉。我用的是剪成小块的纱布。请把榨出的果汁同柚子皮一起加到料理中试试看。我们家在“萝卜泥鲭鱼煮”出锅前也会加一些。

*萝卜泥鲭鱼煮的做法：把鲭鱼切成三段，用酱油腌制入味后裹上生粉下锅炸。用高汤与酱油制作酱汁，放入大量萝卜泥后，加入刚炸好的鲭鱼，上桌前再加入柚子汁和柚子皮。

1. 把果皮与果肉分离

把柚子洗净，切成八等分之后，将果皮与果肉分离。

切成八等分之后，柚子皮变平，容易去瓤。

2. 削掉白色的柚子瓤

削掉皮内侧的白瓤，分几次来处理干净。

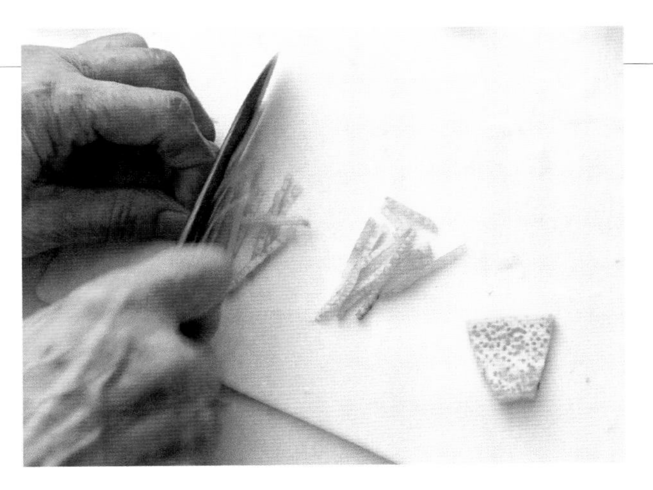

3. 切皮

从中间横着切成两段之后，
再竖着切成细条。

4. 榨果汁

将果肉里的种子剔除，
包上纱布，大力地榨出汁。

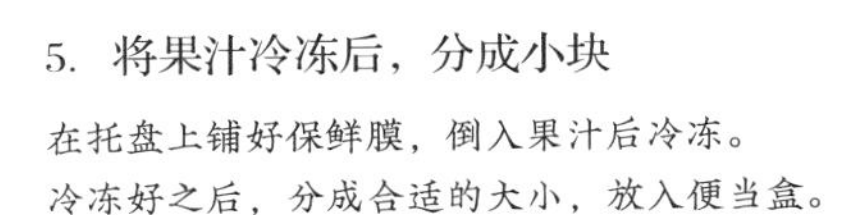

5. 将果汁冷冻后，分成小块

在托盘上铺好保鲜膜，倒入果汁后冷冻。
冷冻好之后，分成合适的大小，放入便当盒。

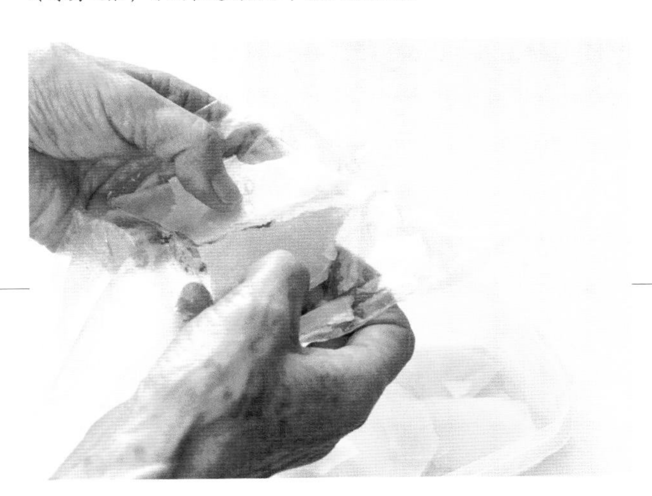

6. 冷冻保存

切成细条的果皮放入便当盒冷冻。
稍微解冻，待变软之后再一次冷冻储藏的话，就更容易使用。

日常的餐桌是什么样子，
才能使家人安心？

白米饭

首先，只要有米饭的话……

只要白米饭煮得香甜，即便菜肴少些，也很幸福。

——白山米店 寿松木衣映

寿松木衣映：生于1958年。现为东京自由之丘一家即将迎来开业六十周年的米店——“白山米店”的第二任店主之妻。米店从全国各地农家收购经店主亲自品尝后觉得满意的大米。1996年，她出于“想请大家吃到美味米饭”的想法，开始在店头经营便当店。以女儿的视角撰写的家常菜谱《自由之丘三丁目 白山米店的温情饭食》（三岛社），也备受读者喜爱。

打开盖子，米饭的香甜之气扑面而来。
“蒸得好的米饭，米粒颗颗立起。”
表面星星点点的小孔被称为“螃蟹穴”，是强火加热时形成的蒸汽出口。

便当店的隔壁是舂米处。

大米2kg起售，选好种类之后，在这里碾白。

右侧可以看到的是祖上传下来的秤。到现在还一直用着，据说是很稀奇的了。

每日
煮米饭的力量

厨房里飘散着正在煮着的米饭所散发出的甘美味道，混合着已煮好的米饭的微微清香。刚出锅的米饭配上海苔或者鸡蛋等简单菜肴一起享用时给予人的满足感。三十年前，我嫁到米店之后，感受到“米饭力量”的时刻也自然而然多了起来。说来惭愧，我意识到米饭的美味，还是从一边经营米店，一边开便当店开始的。营业日是周三，每周一次。不用电饭煲，而用三升的饭锅，使用燃气蒸煮，这样就能蒸出松软饱满，晶莹剔透，米粒颗颗立起的米饭。客人们也都赞不绝口：“真好吃，这就是让人元气满满的米饭吧。”听到这些，我才切实感受到了米饭的能量。

从那之后，自家的厨房里也买来了日式小型饭锅，用燃气来煮饭。结婚生子之后，在孩子长大成人之前，偶尔也有很辛苦的时光。但无论是哪一天的餐桌，“有米饭就没关系”。像这样，白米饭一直在拯救着我的心情。无论是感觉最近没怎么跟丈夫交流的时候；还是虽然身体不适，但却不知如何开口而迷惘不已的日子，都觉得，我们家是靠米饭的美味支撑过来的。

只要有米饭

便当店营业日，女儿会在前一天提前过来，留宿家里帮忙。等回去时，一定会问的一句话便是："米饭，还有吗？""只要米饭还有的话……"，这一生活智慧与安心感，大概在一起生活的过程中，就自然而然地传授给她了吧。东日本大地震以来，只要冰箱里没有米饭，我就会觉得不踏实，所以总会多煮一些，让她把剩下的带回去。一想到女儿回到家便能即刻备妥饭菜，那种心情也能用"有米饭，真好"而表达详尽了。

每次看到让人痛心的新闻，总会联想到加害人幼时的饮食生活。我总觉得，如果是吃着自家厨房里煮出来的米饭长大，大概就不会做出这种事了吧。我经常有意无意地感觉到，米饭有这种力量。所有的这些，都是当了米店的妈妈之后，才体会到、经历过的事。今后也希望能通过米饭，帮助大家展露笑颜。

多煮一些●我们这个三口之家，每晚都用6合[①]的锅煮上4合或5合米饭。比起满满一锅，煮饭锅七成或八成的量，则无论是蒸是煮都刚刚好。

①日本固有的计量单位"斗、升、合"，一升约等于1.8L，十升为一斗，十合为一升。——译者注

爱用的日式小型饭锅。
咕嘟咕嘟开始沸腾的时候，米汤就会喷出来。所以，盖子最好重一些，在蒸汽开始上顶的时候，就在上面放上重石。
饭团形状的重石“是从河边捡来的”。

美味的米饭
就是“一品料理”

一位经常光顾的客人，有句话让我印象深刻。他说，“米饭美味的话，菜肴少一品也没关系。”

大家在思忖晚饭菜单的时候，虽然会考虑菜品，对米饭却不会特别考虑吧。但如果米饭煮得美味，也能获得相应的满足感，同时，也会感觉菜肴更为可口了。即便菜肴的种类不多，但饭食本身的品质却提升了。

虽然在外人听起来也许会觉得夸张，在我们家只要有自家煮的米饭，即便吃从外面买来的家常配菜也没有关系。家里有小孩子，再加上要工作的话，难免会有神经紧绷、焦虑不安的日子。如果今日觉得疲惫，那么比起做各种各样的菜品，请先煮饭试试看。用锅煮的话，从打开火到煮熟约需三十分钟。听着水蒸气顶着锅盖咕嘟咕嘟作响，以及噗呲噗呲的米汤溢出来的声音，不知不觉之间，心情就会放松下来。

煮好的米饭香味飘散开时，全家人都会觉得舒心。越是忙碌的人，越可以尝试一下，把米饭当作每日菜品的核心来考虑。

“今天煮的稍微有点软啊。”
水的分量、蒸煮的时间等，细小的差别也会使米饭蒸好的状态发生变化。
“这些也是个人喜好，多煮几次去习惯它才最关键。”

目前为止用来煮过饭的锅子大荟萃。
也尝试过使用白釉砂锅或陶制蒸锅。
日式饭锅有大有小。
里面右边数第三个是从婆婆那里继承过来的“文化锅”[①]。

①铝合金铸造的深口锅，锅沿内部设有分层，盖子一般会嵌入锅内沿下2~3厘米处。——译者注

理想的饭锅

虽说用电饭煲也能煮出美味的米饭，但要说与用锅煮的不同，那便是火候了。如果用燃气明火一股劲加热的话，就能在锅内形成对流。于是，就能使米均匀受热，可以煮出一颗一颗，米粒立起来的白米饭。

用家里各式各样的锅子试验之后发现，只要有盖子，任何一顶锅都能煮饭。酷彩（Le Creuset）珐琅铸铁锅，锅底厚实，盖子也重，尤其适合煮饭。土锅可以做出酥脆喷香的锅巴。雪平锅同理，只要用铝箔纸罩住盖子，封住空隙的话，勉强也能煮饭。

总之，无论什么样的锅都能用来煮饭，只是若要用强火加热，还要厚底的才好。再加上，为了便于对流，如果锅底再带有一定弧度，就无可挑剔了。如此想来，从前的日式饭锅可谓设计合理呀。在我们家里，大显身手的也是新潟县燕市制作的不锈钢材质日式饭锅。购于合羽桥的商店。锅底呈弧形，盖子沉甸甸的，还有罩子来防止米汤喷出。不愧是精心设计的构造。

各式各样的饭锅●照片中靠里侧的是我们婚礼时作为回礼分发给来宾的锅子。非常结实，数十年后的今日还在用着。当然，也能煮米饭哦。

四人四种，下饭菜

不管怎么说，因为是爱吃米饭的一家人，所以也有各自喜欢的下饭菜。不知是不是因为生在米店之家，丈夫天生就是个白饭党。米饭讲究一定要刚出锅的，最喜欢的下饭菜是烤鱼。此外，最近也爱吃旁边鸡肉店做的鸡腿烧。只要有裹着甜辣蘸酱的鸡腿烧，再配上一碗白米饭，丈夫也就别无所求了。女儿则喜欢配自家味噌做的微辣莲藕。我喜欢的菜，是雪菜炒青豆。滑菇酱和锦松梅的佃煮也是丈夫和女儿爱吃的。锦松梅的佃煮虽是高级拌饭料的代名词，但自从向朋友请教了之后，就一直用海带丝与鲣鱼干，以及梅子醋自己制作。与搭配了下饭菜的米饭稍有不同，已工作了的儿子，早餐基本上是饭团。在前一天的晚上，就给他做好夹着佃煮的特制午餐肉饭团放着，这个是从相识的一位年轻妈妈那里学来的。

之前，有位客人一天之内来买了两次便当。“虽然不太爱吃米饭，不过太好吃了，所以不自觉就又来了。”我记得那个时候应该是配了豆豉炖萝卜，大概是只要有自己喜欢的配菜，就会在不知不觉间多吃米饭吧。

午餐肉饭团●我家儿子在自己准备早餐的时候，经常用拌饭料和鸡蛋对付过去。貌似只要有带肉类配料的饭团，他就会吃得比较起劲儿。

左边是午餐肉饭团，上面从左依次是锦松梅佃煮、海带·鳕鱼子·鲑鱼拼盘、滑菇酱。
下面从左依次是佃煮牛肉、微辣味噌莲藕、雪菜炒青豆。
滑菇酱是把朴蕈用酒与酱油稍微煮一下制成。

新厨房的东侧带一面小窗。
藤椅是在之前的家里就用的物件。
用来晾菜板，或者暂时放置料理过程中使用的物品，很方便。

用原来房子的柱子制作的架子，上面放着剪贴装饰的罐子，手工制作的抓锅布、茶壶套等自己喜欢的东西。
因为待在厨房里的时间长，所以打造了一个不经意间看到就会开心的角落。

赏心悦目的手作角落

数年前经过重新装修，建成五十年有余的厨房也焕然一新了。不过，原来家里的门以及玻璃窗等建材全部取下来留着，能用的东西都尽量充分利用。每天被承载着难忘回忆的物件以及手作包围着，在厨房的时光也会愉悦起来。

遗憾的是，我非常喜欢的嵌入式架子没能保留下来。于是，自己测量尺寸，定做了一个用来收纳烤吐司机、微波炉以及计算器等细碎物品的架子，来代替它。在经常映入眼帘的地方，放着出于兴趣剪贴装饰的海苔罐，以及厨房纸巾夹，墙上挂着手编的锅垫和茶壶套。我从以前就特别喜欢制作这种物件。

从周一的采购开始，一周的前半部分都投入到便当店的准备工作当中，所以周四五六就想尽量做一些手工活。一边听着收音机，一边沉溺在刺绣或针织的世界里，是我无上幸福的时光。虽曾对墙壁瓷砖的颜色犹豫不决，不过还好选择了深棕色。因为深棕可以衬出手作物品的多彩，在家务的间隙让人赏心悦目。

朋友转让给我们的樱花木饭桶。
偶然的机会，把它放到手头的筐子上一试，竟刚刚好。
从那之后，总是这样成套放到饭桌上。

女儿说
想要的东西

今年三月，女儿举办了婚礼。她想要的贺礼中，让我“哎呦”地吃了一惊的，便是盛饭桶了。在我家厨房，饭桶是必需品。因为它可以吸收刚煮好的米饭里的多余水分，米饭就不会黏成一团，放冷之后吃起来也依然美味，所以在店里做便当的时候必不可少。女儿在店里帮忙，即便不特意教她，她也在观察我做的过程中学会了煮饭，也自然而然地对把煮好的饭装到木桶里，再盛入便当盒的工作得心应手。因此，对于煮好饭之后要盛放到饭桶里这一流程，纵使是有了自己的家庭，可能也觉得是理所当然的吧。

想来，便当店正是和女儿齐心协力互相扶持着办起来的。起初是碰巧女儿在家的时候，我拜托她帮忙，“这种厨房的工作，掌握了之后一定会对你有所助益”。从那之后，我们一起积攒了各种经验。在我想出本关于料理的书时，誊写我记下来的菜谱笔记，并逐一附上评论，帮我汇总的也是女儿。之后这些，都作为“母亲传给女儿”的菜谱，出版问世了。

“感谢你来到这个世界”，像这种话说出来虽然很普通，但正是因为有女儿在，才能一起出书，最重要的是便当店得以维系至今。若不是有二人的努力，都是不可能做到的事。我的朋友跟我如是说道：“只要从店里的窗户看到你们母女二人一起工作的样子，就觉得安心。”家庭中难免会发生各种各样的摩擦，我们家也不例外。不过现在，感觉我们之间已经结成了可称为“志同道合”的关系。

书发售之后，过了很久，我依然觉得难为情，几乎没怎么读过。在女儿婚礼前，总算从头至尾试着读了一遍。由此感觉到：想传授给女儿的东西，已经全部写在这里了。

在那本书中，也罗列了家中每个人素日爱吃的菜肴。因为实在是喜爱吃米饭的家庭，只要有米饭和能搭配米饭的菜肴就觉得幸福。在记录着从婆婆那里学来的“烧茄子盖饭”那一页，女儿当时如此评论道：“白山家传统的味道！！得传承下去呀……”

如今，据说女儿也总是多煮一些米饭，盛到饭桶里放着。听到这个，我心生感慨：“真的好好地传承下去了啊。”正是了，只要有米饭就没关系。

女儿为我整理的菜谱笔记有好几册，曾在附近的出版社——三岛社的通信杂志上连载。
连载共计56回，从2009年7月开始约持续了四年。

向白山米店的妈妈咨询

煮白米饭的方法

在煮米饭的方法中，我个人特别留神的有几条。首先，是米的量与锅容量的比例。一般以到锅七八成的量为基准。比起大容量的锅，小锅更易形成对流，可以煮出松软的米饭。

淘米的时候，每次换水都用笊篱沥干水分。据说，第一次倒水的时候，大米可以吸收其中八成的水分。淘洗的过程中，也在持续吸收，所以重点是要把含糠粉的水分彻底沥干净。

在煮饭的过程中，在沸腾之前留出一定的时间为宜，所以夏天最好把淘过的米放到冰箱冷却，用冷水炊煮。

蒸好之后，需用饭勺顺着锅沿从锅底把饭翻上来，立刻放走蒸汽。之后，再盖上餐布的话，即便是没有盛饭桶，也可以享用美味的米饭。

*如果忘了自己淘了几合米……三合？还是四合来着？这种意外也时有发生。这时候，只要把淘洗过的米重新用计量杯测量后，再用等量的水煮就可以了。记住这些会有帮助。

1. 测量

取一合米：用计量杯里盛满米，然后刮平计量。
一合为180ml。

2. 清洗

注满清水，整体搅拌之后，将水倒出。
如此重复两次。手速快是关键。

3. 淘洗

避免弄碎米粒，轻柔搅拌。
加水冲洗糠粉，倒入笊篱。
重复3次。

4. 沥水

把笊篱倾斜放置，沥干水分。
沥干之后，放到便当盒之类的容器中，可放到冰箱冷藏一晚。

5. 吸水

米：水的比例为1∶1.1。
一合（180ml）米加1杯（200ml）水为准。
夏天放入冰箱30分钟，冬天则放置一个小时（常温）最佳。

6. 蒸煮

强火加热。
沸腾1分钟后，转成小火再煮10分钟（3合米的情况下）。
4合的话13分钟，5合则14分钟左右。

7. 蒸好

最后再用强火，数10个数，然后关火。
这样就能使剩余的水分蒸发掉。
之后，再焖10分钟。

8. 盛到饭桶中

用饭勺沿着锅沿，把米饭移到木桶中。
夏天在饭桶里加几滴白梅醋（白醋亦可），就不容易弄坏木桶了。

厨房应该是什么样子，
家庭才会和谐呢？

料理，便条，暗号锅。

如果有东西可以比语言更能传达心意，家庭就会紧密地联系在一起的哦。

——随笔家 山本富美子

山本富美子：生于1958年。随笔家。东京都武藏野市教育委员。在养育三位女儿的过程中，对做饭、整理等家务事有了深入独到的研究。著有《家务事》（三岛社），《山本家每日如信笺的便当》（PHP研究所），《蛮整洁，蛮清爽》（料理杂志*Orange Page*）等多部著作，从中学生到同龄人，有着广泛的读者群。

冰箱里，物品摆设的位置，15年以上都不曾变动过。
配便当的菜肴和随时可以食用的菜，都附上“垂幕”，分别放在不同的分层。
这样，肚子饿了的人也能安心享用。

冰箱的侧面挂着计量杯，礤菜板和长柄圆勺。
铝或不锈钢材质的统一造型，样子很漂亮。
“它们是长年以来，陪我一起在厨房工作的‘伙伴们’。”

厨房的工作趣味盎然

厨房的工作每天都在重复。因此，我总会稍加注意，不让自己感到厌烦。比如，时刻收拾妥当，以便可以轻松工作，开动脑筋思考种种妙招方便家人帮忙。抱着玩乐之心准备饭菜，或许也可以说是按自己的方式努力至今的事了。

记得最初拥有自己厨房的时候，心情十分紧张。因为是公司宿舍，虽然空间狭小，但却体会到了去广阔世界出游的心情。从那之后也搬过几次家，在女儿出生之后，想着“厨房不仅可以养育身体，也是养心之所”，所以也有过拼命做饭的时期。如此这般，厨房孕育了很多成为家人回忆的故事。

分享喜悦有各种方法，我们家应该是靠食物了。请试着爱上每日做饭吧，在那过程中，去传情达意，或被人理解，或理解别人。厨房是个富有创造性的世界，我至今仍乐在其中。

成为
超越语言本身的语言

虽说是家人，但我的心情，却多少有点像在款待女儿们。也许言之过甚，不过孩子多少有些像“客人”，是与我们不同的人。或许我们无法完全理解对方，但他们却是对我们而言极为珍贵的人儿。我觉得，这种关系就好。

也正因如此，我更觉得，“每天做饭都要加油”。虽说有做得可口的时候，也有不顺利的时候，但家里总有做饭人的身影。仅仅是在同一屋檐下，享用同样的食物，就有可以互通的东西。如果你还有其他擅长的事情，那么选择项也会变多吧。不过对我来说擅长之事仅有厨房的家务这一项，所以决定信赖它。

回想起来，每日与家人一起享用的饭食，有时是超越语言本身的语言。“加油”，“抱歉”，“我们和好吧”。固定的配餐或便当，每个人喜欢的菜单，比语言本身更能有效地把家人紧密联系在一起。即便是在女儿长大成人离开家的今日，偶然浮现心头的，也是家人围坐餐桌旁的场景。因而我时时感慨，幸好那时的饭菜，我们可以一起享用。

煮鸡蛋，加到沙拉或拉面里，或炖到菜里，可增加满足感。
因为是一次性煮好全部放到冰箱，为了跟生鸡蛋区分开，用签字笔给煮蛋画上了表情。

在沙拉里偷偷藏上三女儿爱吃的炸鸡块，吓她一跳。
做减肥沙拉便当时，也不忘玩乐之心，“因为想让自己乐在其中”。

なにはともあれ
人に会い、
その人のために
働けばよい

便当就是留言

我一直认为：便当，是调解家人关系的一种留言方式。与女儿吵架之后，我总是做她喜欢的炒面便当。不知何时，这已经成为替代“抱歉”的暗号，我俩和好也总是依靠它。

也许是离得太近的缘故，家人之间反倒有时难打直线球、开门见山地讲话。我自已也是，别人跟我说“加油哦”的时候，我反倒觉得难以更加努力。被问到“没事儿吧？”的瞬间，就会一下子觉得不舒服。所以，一直感觉可以代替语言来留言的便当，真是帮了大忙。

三女儿说想要减肥，要求我给她做“沙拉便当”。我觉得这个新挑战非常有趣，时常偷偷在里面藏上炸鸡块或者芝士，来吓她一跳。有时还加上炸面包丁，惹得她气恼，“不是说不要放碳水化合物了嘛！”

三女儿也要从今年春天开始一个人生活了。制作便当的工作，也暂且可以告一段落，为此我心里还有点小寂寞。说真心话，我多想再做一些啊。

多想再做一些啊●精力充沛的时期，有时要做三人份的便当。我实在喜欢做便当，甚至工作了的女儿会来央求我说“换我来做做吧。”

用“喜饭”来庆祝！

菜谱里的拿手好菜中，如果有一个全家人都喜爱的“特殊日子菜单”，就会非常方便了。因为，这同便当一样，都能称为传情达意的暗号。反过来说，所有的菜单都不是无缘无故做出来的。所以，只要有那样一道菜，就可以传达出“今天是个特殊日子”的讯息。长久以来，如此登上我家餐桌的菜品，其中之一便是“喜饭”。

在西红柿口味的杂烩饭上浇上略稀的白沙司，这样就有了红白两色，在需要庆祝的时候享用。和大女儿两个人一起生活的时候，虽说可以邀请朋友来家里，然而那时穷得像住在树上的毛虫（笑），不得不去思考，如何招待客人才好。制作“喜饭”，便是由此开始的。

因为白沙司虽不用花什么钱，却又是稍上档次的佳肴。从那时开始，它对我来说就像护身符一般的菜品。

女儿们也都喜欢吃，生日或者特别的日子里，每当问她们“说说想吃的东西吧”，她们总是回答，“炸土豆饼和‘喜饭’”。也许因为那是妈妈的味道吧。

稍上档次的佳肴●不知为何，浇上白沙司就看起来有档次。大概是由于需要制作的人花些功夫的缘故吧。在到年长的朋友处探病时，送上这份问候礼，对方也总是很欢喜。

在西红柿杂烩饭上浇上白沙司以表红白两色的“喜饭”。
沙司按喜好，各自随意加。
“西红柿的酸味与牛奶的风味，口感甚搭。”

“欢迎回家”的红锅

女儿们或步入社会或考入大学，都有了各自的生活节奏。一起吃晚餐的机会变得越来越少，为晚归的人“留一份晚餐”的时候随之多了起来。这种时候，放到燃气台上的便是“红锅”。里面放着够一人独享的一点菜肴。有时放炖菜，有时也放上一碗味噌汤。不管怎样，只要厨房里有它，就是“热乎乎的饭菜在这里哦”的暗号。

也许女儿们会觉得，妈妈又开始做什么奇怪的事了。然而，深夜归来，若是有一顶红色的可爱饭锅在等待自己，就会很开心吧。慎重起见，只要再留上一条“今晚有红锅”的便条，她们就一定会去吃，所以我也能安心。“红锅”，也是“欢迎回家，吃点热乎饭哦”的信号。

深夜在厨房里等待晚归的人，直径12厘米的珐宝（STAUB）珐琅铸铁锅。
“想着厨房里可以放点红色和白色，以及木质的厨具”，因其可爱而选购的一个红色物件。

有时
也写在纸上

经常听别人抱怨，“家务活没一个人帮我，真是为难。”不过稍微试想，有时也不免觉得，或许只是家人不知如何帮忙而已。比起焦躁不安地去要求，说上一句“稍微帮我一下”——在传达上下些功夫的话，事态便会有改观。我觉得，在这一方面，也许有必要用事务性思维去考虑。

我在拜托家人帮忙购物时都会写到纸上，称作“购物牌”。比如需要去药妆店买洗洁精，或到鱼店买鱼肉块，就像这样写在牌子上摆开。如此，到那边去办事的人，回来的时候就会顺道买来，也算是一个规矩。另外，我会给晚归的家人留一个“今日的菜单是这些”的便条，放到桌子上。既有欢迎回家之意，也是因为好不容易做好的菜肴，若是没被注意到就太可惜了。

虽然用便条交流有点像公司的做法，但比起无法传达要好得多。偶尔也试着把要求写到纸上吧。即便是在一起生活的家人之间，也非常有效。

冰箱里要用心

照看家人肠胃的冰箱。要维持这里的秩序，在传达上下些功夫也是十分必要的。

关于传达方式，我以前就进行了种种尝试。比如，在煮好的鸡蛋上画上人脸来跟生鸡蛋区别开，在自家制的荞麦面蘸料或调味料瓶上，贴上写有配料用量的贴纸，或规定用完的人负责制作，等等。写有“山”“七”的容器里，分别装着山椒粉和七香辣椒粉。不同的纳豆盒子上写上“大粒”“小粒”“碎豆”，以防要吃的人不知选哪一个而迷茫。给冰箱贴上“便当用菜肴”和“请享用吧！”的便条，是出于曾打算用作便当的菜肴被吃掉而为难不已的经历萌生的想法。都不知发过几次火了，“你们是深夜觅食的老鼠吗？！”但是转念想一想，也不由要自我反省，没告诉人家不准吃，就去责备“怎么给吃了？！”，也不像话。用“这些可以吃哦”的文字温柔地代替“不要吃”的禁止之语（笑）。靠写下来，把微妙的语感传达给家人，“我也有自己的计划，你们请理解哦”。

不仅仅是自己明了，要对大家来说都明白易懂。冰箱里，通过这种努力，围绕食物而发生的小意外也就从此销声匿迹了。

桌子上，口中叼着一枚“欢迎回来”便条的青蛙，是长年以来爱用的物件[①]。
含有祈祷“平安归来”的心情。

---

①日语中“青蛙”的发音与“归来”的发音相同，由此取双关意。——译者注

上／荞麦面蘸料是用酱油、砂糖和甜料酒熬制的。

下／“七香辣椒粉和山椒的容器容易倒，所以装到瓶子里让它们可以稳稳立住。”

小松菜用手撕才美味。
虽然未曾大肆普及，但“偶尔听闻朋友中有人说‘我也这么做’，也会小小地开心一下。”

厨房是
自己重整旗鼓的地方

有了家庭，其他的倒没有什么，只是在拼命煮饭的过程中，不知不觉间厨房就成了自己的立身之所。拘束，紧张，挑战之心，悲伤之情，有时也有心情烦躁的日子，无论什么时候，从外面回到厨房，给自己鼓劲："这种经历对我来说也是必要的吧"，然后铆足了劲"咔"地切大萝卜，要么就"嘎吱嘎吱"地手撕小松菜，或默默地给卷心菜切丝。在做这些事的过程中，不由地整理好了心情，紧绷的神经也"呼"地舒展开来。感觉就像被蔬菜拥入怀中。我每次都是在这里重拾自信。

年轻的时候，总是一味忍耐，有时也一个人在厨房里簌簌落泪。与那时比起来，感觉现在真是变得坚强了。即便如此，厨房仍是自己重整旗鼓的地方。许是多亏了来往于工作与厨房之间，我每天才能元气满满地生活吧。

从“传达”到“沟通”

前不久，和二女儿久违地大吵了一架。事后不久，一走进厨房，发现一块崭新的毛线编织的刷布赫然放在那里。那是二女儿织的刷布。见到这个，我不由得脱口而出，“败给她了。”虽然真实情况不得而知，但这大概就是她“参与家务”的方式吧。

每个女儿都有自己擅长的领域。长女擅长做菜，二女儿擅编织，三女儿擅于打扫。各自分担家务，是我们之间心照不宣的默契。“阿妈（最近，长女开始这么称呼我），加油！”，“那时话说得过了，对不起”，如是这般。

刚刚开始一个人生活的三女儿，本人虽然看上去很不安，但我可以为她打包票，“你肯定没问题。”因为，她已在不知不觉间，加入了厨房工作。看着我在这里或快乐或拼命，偶尔也会泄气的身影，想必家务活的关键已经妥妥地传达给了她。

阿妈●最近，女儿们对我的称呼都发生了变化。“妈咪”（二女儿），“老妈”（三女儿）。三人三样。

毛线编织的刷布，不用洗洁精也能把餐具洗刷干净。
这个也一样，因为是红色，“可以放到厨房里”。

任性地拼命

感觉在厨房里“任性”，是没关系的。每天的菜单，去做自己想做的东西就可以，做法上没有标准答案，所以可以尝试自己喜欢的方式。在厨房里，不要被义务啦、常识啦等等束缚，“任性”地拼尽全力的程度就刚刚好。

有时也有人问我，“你会教女儿们做家务吗？”我一丁点都未曾有过这样的念头。不过，她们一个人独立生活的时候，一定会作为一个范例想起我吧。虽然有时失败，有时泄气，但无论怎样依然珍视厨房，自己正是在这样的妈妈身边长大的，只要她们的记忆中有这些，对我来说就足够了。刚腌制好的米糠咸菜的味道，咕嘟咕嘟炖煮萝卜的味道，这种东西即便不付诸言语，也能传达给她们吧。

说到底，只要会煮饭，能做味噌汤，其余的总会有办法。剩下的，只需要自己多尝试。我希望，她们走自己的路就好。

放置在工作间的糠腌菜缸。

“因为常常会忘记腌了菜”，为了便于进了工作间就能注意到它，开始让它坐镇于此，前前后后已经有5年了。

庆祝之日的固定菜肴

“喜饭”的制作方法

将西红柿杂烩饭盛到小碟里，在餐桌上按各自喜好，浇上白沙司。

看上去，白沙司沁入米饭的颗粒之间。

稀薄的白沙司很美味，不过稍微浓稠一点的白沙司酱汁也不错。

配料

西红柿杂烩饭配料（4人份）

米……2合（360ml）

西红柿……2个

洋葱……1个

椒盐……少许

鸡精……大料理勺1勺

白葡萄酒（或者料酒）……大料理勺3勺

黄油（米用）……大料理勺1勺

橄榄油（洋葱用）……大料理勺1勺

白沙司配料

黄油……50g

小麦粉……70g

牛奶……2杯

高汤（海带水+骨汤包）……3.5～4杯

月桂叶……1片

食盐……少许

西红柿担当红白庆祝色中的“红色”。
杂烩饭因西红柿的酸味而口感清爽。

做法

西红柿杂烩饭

西红柿也可使用西红柿罐头代替。
另外，将米饭加番茄酱炒成番茄酱米饭，也能做得美味。

1. 将大米淘洗，盛到笊篱中沥水备用（约放置30分钟）。
2. 用热水烫除西红柿皮（有时也可不去皮），“嚓嚓”地切成易于入口的大小，洋葱切碎。
3. 用黄油炒米，炒到颜色通透后移入饭锅。减掉白葡萄酒（大料理勺3勺）的量之后，加入少于平时用量的水，再加入白葡萄酒与骨汤包。
4. 用橄榄油炒制洋葱，加入椒盐。
5. 将洋葱与西红柿加入盛米的饭锅中，蒸煮。

白沙司酱汁

只要认真慢慢熬制，稍微有点面块也没关系。
要点在于不要糊锅以及熬稀薄一些。

1. 事先将牛奶加热（不要沸腾）。
2. 在锅中加入黄油，开中火，注意不要糊锅，用木勺炒动，再加入面粉。
3. 黄油面酱成型之后，一点点倒入牛奶。不停用木勺轻轻搅动。
4. 黄油面酱完成后，加入高汤稀释。加入月桂叶，轻轻地边搅动边熬煮。
5. 最后尝尝味道，加入食盐。胡椒（特别是黑胡椒），会损害白色效果，所以不要使用。

厨房的工具应该是怎样的物件
才能称为家务的好伙伴？

工具

看上去蛮整洁的就可以。

爱不释手，又用惯了的东西才是最好的呀。

——生活的工具·松野屋 松野绢子

松野绢子：生于1956年。1983年嫁到东京马喰町的箱包批发店“松野屋”。2010年在谷中开店，名为“生活的工具·松野屋”，经营用天然材料制作的刷帚、笊篱、扫帚以及镀锌铁皮制的簸箕等被唤作“粗家什”的日用杂货。如今她也在经营家业的同时，以“传达手掌的温度”为理念，使用“羊云”的屋号，组织纺纱和编织活动。

各种刷帚、擂杵、礤菜板等，洗刷干净后即刻挂到水池旁，容易沥水，持久耐用。
刷帚的材质有棕榈、剑麻和马毛等，多种多样。

嫁到东京下町的粗家什店

我们在东京马喰町经营一家名为“生活的工具·松野屋”的商店，销售被称作粗家什的生活工具。粗家什是指刷帚、扫帚、簸箕等样式简单的日常用品。由庄稼人在农闲时亲手制作，或者在小型乡镇工厂制作出来。朴素又实在的工具，仿佛能展露出制作者的为人。

我出生在经营牛奶店的家庭，在成长过程中，并不曾特别留意过粗家什。然而，嫁到东京，能在不经意间对其产生好感并持续使用至今，正是受松野家生活方式的影响。

嫁过来后，首先让我吃惊的就是，松野家严格遵从每个时节履行特定事宜的商家礼仪。早晨给神龛换水，清扫大门口，开始新的一天。到了年底，则全家总动员进行大扫除。婆婆和掌柜的一手操办全家的饭食，在那个厨房里使用的笊篱、刷帚，以及手工缝制的抹布等工具，虽然已经用了很久，却不可思议地仍看上去干干净净。或许，我看着这样的身影，也在不知不觉间生起了对时时与粗家什为伴，恭恭敬敬但又干净利索的生活姿态的憧憬。

每天早晨，烧开热水后灌到史丹利（STANLEY）的保温瓶里，这样连烧水壶也不需要了。
平底锅角落的最上面，是婆婆传下来的无水烹饪锅隔层。用来烤制年糕刚刚好。

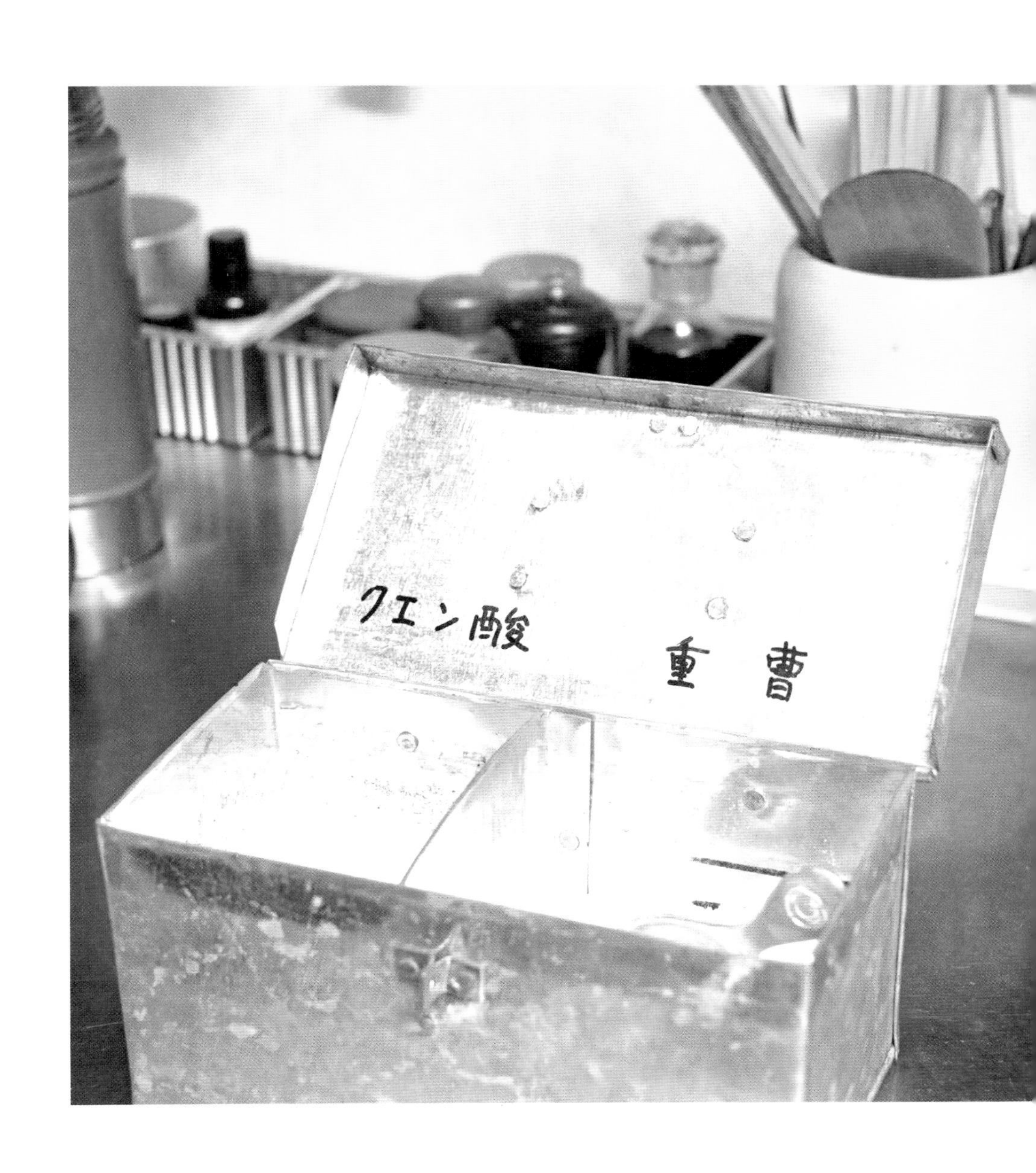

厨房和厕所里使用的洗洁精类，通常都是用液体肥皂打底手工制作的。
作为材料要用的小苏打和柠檬酸，就放在以前松野屋销售的带隔层的镀锌铁皮盒子中。

厨房是“粗家什的世界”

因为生意的关系，我家厨房里汇集了各式粗家什。虽也有人说这里“真是粗家什的世界啊”，但并不是因为数量多。无论是洗餐具还是刷锅，或者擦燃气台，要说使用的工具，不过是几把刷帚和抹布而已。材质上也基本都是可以回归大地的东西。大概是由于外观看上去蛮整洁的吧，摆放出来也不会乱糟糟的，一个工具就有多种用途，用起来也不觉烦琐。“用洗毛芋头的刷帚，顺便也刷个锅。之后，只要洗刷干净就没问题”，如是这般。使用的工具简单，工作方式也会随之简洁化，唰唰几下就完成了。意识到这一好处时，我也重新认识到，“粗家什真好用啊”。

与做专职家庭主妇的婆婆不同，我要帮助经营家业，在家务活上还做不到完美。不过，用自己喜欢的工具做饭、打扫，每天都能心情愉悦地工作。能做到这点，主要得益于遇到了自己认可的厨房工具。我想，这是因为在使用过程中自然体会到了不加粉饰的粗家什的好处。

柜台的一端放着咖啡豆研磨机和小扫帚。
溢出来的咖啡粉，用它轻轻拂去。

缝制抹布通常在晚饭收拾妥当之后，在起居室里完成。
“女儿也在旁边有意无意地看着。”

用竹编笊篱
给意大利面沥水

厨房里使用的粗家什，以前都是用像竹子、灯芯草、稻草等这种在日本各地都有的植物制成。如今，大部分都被替换成了塑料材质，然而，我最近却切实地感受到了这些天然材质的好处。

比如竹笊篱，可以用来给洗好的蔬菜，淘洗过的米，以及豆腐沥水，在做菜的过程中，不知不觉间它的用途也扩大了。一位熟识的主厨告诉我，“可以用它给刚煮好的意面沥水，因为它不会刮破意面外皮”。从那以后，我家也立马模仿了起来。比起不锈钢材质，竹笊篱因与物品的接触面柔软而更好用。即便是大力捞起，也不会划破面条表面，使其保持实实在在的顺滑。而且，因为轻便，唰唰地抖动沥水也不费力气。筐沿的编法易握好拿，还不会手滑，把刚煮好沉甸甸的意面放在里面也很安心。

粗家什，并没有像最新的家用电器或便利工具那样有惊人的功能。不过，实际使用起来，就会不经意间在其朴素的外表深处，看到工匠的用心和努力。正因为有那种瞬间，还是想发自内心地支持他们：“东西做得很好啊。”

竹笊篱不仅轻便而且不会伤害材料的表面。
使用后，用刷帚洗净，放置到通风处。
饭锅和饭桶也一样，放在这里的全都是可以用刷帚洗的物件。

搭在水槽沿的是擦台子用的，挂在下一层抽屉上的是用来擦地的抹布。
根据要擦拭的地方，放置的场所也简单易懂地按照“抹布，从上到下”的位置晾晒。

婆婆，我，女儿
——传承三代的手缝抹布

水槽的四周，一般都放着手缝的抹布。刚开始用来擦台子，脏了之后用来擦地板，最后擦过门口的水泥地，才总算从抹布界卸任。

刚嫁过来的时候，曾把旧毛巾叠起来，东擦西擦。现在想来，大概那时也对抹布没什么眷恋之情吧。经常是稍微脏一点就烦了，随即丢掉。婆婆看到这里，说道："竟然不自己缝抹布，真是不像话。"果真还是老一辈的人啊。把变旧或不用的布头，缝制结实，一直用到最后，这是出于珍视物品的心。抱着试试看的心理，我跟她要了一块，没想到竟然特别好用。那我也试着缝一缝吧，就这样，自己动手缝制抹布的习惯，从那时一直持续至今。

"开饭咯"。只要我一声招呼，就去擦桌子，是女儿从小负责的工作。女儿去年秋天嫁人了，让我吃惊的是，她自己缝了三块抹布。我问她，"要做什么用啊？"她竟回道："擦台子。"大概是有意无意地看着我缝，就学会了缝制方法吧。可是，她之前明明看上去全然不感兴趣。见到她这般，我还有些感动呢。

看着我缝制●现在用的已经破破烂烂了，所以要缝块新的。吃完晚饭收拾妥当后，在起居间麻利地缝好。呲呲地穿针引线。

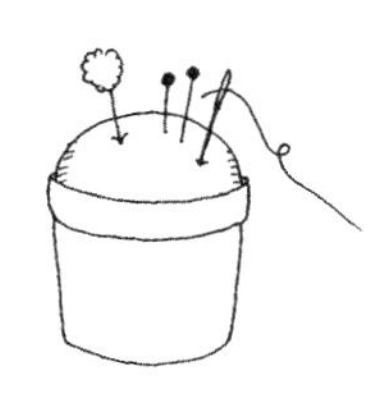

从东京藏前的生活杂货店“SyuRo”入手的手工制白铁皮裁缝盒，里面装满了五颜六色的缝纫线。
在工作坊中，也会请参加者从这里选取喜欢的颜色使用。

只要有让自己产生眷恋的工具就好

若是问我，手工缝制的抹布与市面上销售的科学抹布①哪里不同？首先便是好用的程度。其次，大概就是出于眷恋吧。

好用的程度跟大小和厚薄有关。轻轻折叠后能刚好握到手里的话，就能使得上劲擦拭。以不会大到握不住，拧起水来不费劲的厚薄度为宜。拧不干水，会容易发臭，就冲这点我也推荐薄一些的。

从婆婆那里学到的是把毛巾（像泡澡堂发的那种薄毛巾）剪成两块，之后再对折，中间夹上一枚手巾的缝制方法。有了中间那一块，就会结实很多，而且外层的毛巾稍微开点线也依然能用。另外，针脚"粗一些"是关键。若像缝制衣服那般针脚细密的话，布料就会变硬，而且拧水的时候线也容易断。粗粗拉拉的缝法，反倒适宜这种抹布，缝抹布的人也轻松得多。我长年以来能勤勤恳恳地做到现在，或许背后也有这个原因吧。

粗拉拉地缝制●无论是边还是面，最基本的缝法只有平伏针缝法（并缝）。留出1cm左右的间隔，稍大点也没关系。缝法详情请参考P130。

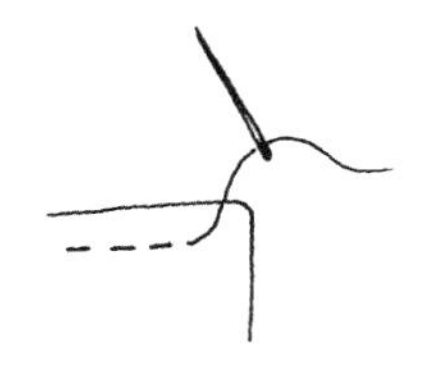

① 又称"化学抹布"，布体内含油剂、表面活性剂和防腐剂等成分，可以利用静电效果吸附灰尘，有免水除尘去污的功能。——译者注

五年前，在丈夫的提议下开始举办工作坊。虽也曾疑虑，“这么普通的抹布，会有专程过来学习缝制的人吗？”，然而出乎意料，每次都有大批客人前来，年轻人、海外的客人，甚至还有男士，令我吃惊不已。完工之后，大家都说着：“一定珍惜着用”，“留给自己专用，不给孩子用”（笑）。我想大家一定通过亲手制作对它产生了眷恋之情吧。

我也在厨房放了两块，一块用来擦台子，一块用来擦地。到底还是自己缝制的东西，用起来会很开心吧，总想这里擦擦那里擦擦，而且还不觉得辛苦。早晨，从擦餐具开始，一年三百六十五天，究竟擦了多少回，连自己也数不清，然而对我来说这样就好。也许正是因为抹布的触感和谐舒适，才能乐在其中吧。

工作坊●作为松野屋的活动，只要有机会，不仅限于东京，也会到其他地区开展。带上自己用旧的毛巾手帕就可以参加。

说起来，记得以前也用过化纤抹布。然而，脏了之后即便是漂白也除不掉污渍，最终变成了一次性的。与之相比，对手缝的抹布，甚至连清洗都会拼尽全力。这大概就是所谓的眷恋之情吧。能拼命坚持用到最后，连心情都是舒爽的。

从婆婆那里学来的手缝抹布，又薄又软。
“自己缝制的话就会产生眷恋之情，即便脏了也会洗干净，一直用到破破烂烂为止。”

轻便小巧的扫帚

松野屋开始销售扫帚和簸箕，是约十五年前。最近，也有很多家庭把吸尘器与扫帚两个都备上，分场景使用。

说到扫帚的优点，一言以蔽之就是轻便。比如，我们家有三层楼，打扫楼梯是件辛苦活儿。要是不用笨重的吸尘器，用棕榈的扫帚来打扫就简单多了。厨房里放一把长柄的灶台扫帚，就不用拖拉着吸尘器绕来绕去，唰唰几下就能轻松完成打扫，非常方便。连吸尘器吸口放不进的空隙，扫帚也能像自己的手一般，伸过去帮忙打扫哦。

不用为存放的地方发愁，或许也是扫帚的好处之一吧。大部分物件都可以用挂钩挂到墙上。在我们家，咖啡机旁边也放了一把小扫帚。磨完咖啡粉之后，可以立刻拿来用，打扫也就不会变成麻烦事了。

白天的上班族里，大概也有人想把早晚留作打扫时间吧。我们家也是从上一辈就有清晨打扫的习惯，所以更知道，对声音敏感的时间段才正是扫帚大展身手的时候。正因为现如今生活方式多种多样，简单轻便的工具的好处，或许可以再多多地被重新认识。

厨房的一侧挂着灶台扫帚和镀锌铁皮的簸箕。

“扫帚穗部分极小，是稍微罕见的形状。”

不仅在紧凑的空间容易使用，就连吸尘器无法到达的空隙也能伸进去，是优质的好工具。

天然环保，刷帚与小苏打

粗家什的材质，基本上是最后可以回归自然的东西。一想到在使用这种环保的工具，厨房的工作也会有意识地尽量通过天然环保的方式实现。

东日本大地震是一个很大的契机。因想减少用电量，首先放弃了洗碗机。代替洗碗机发挥作用的就是棕榈刷帚。特别是菜板、饭勺等木质物品，用它洗起来非常舒服。现如今，我要是用海绵清洗，都会感觉没有洗干净，得用这把棕榈刷用力刷洗才好。用来洗根菜类蔬菜的也是同一柄刷帚。牛蒡、大萝卜、芋头类的泥土都能洗刷干净，所以可以带着皮原汁原味地做菜。

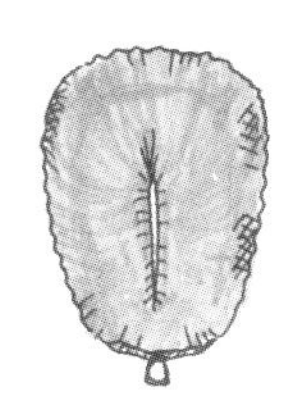

棕榈刷帚●不会刮伤不锈钢以及树脂加工的器具，不用洗洁精也可以清洗干净。这把产于和歌山县。不过，最近国产的棕榈刷帚变得相当少见了。

家里大部分东西用水清洗就可以，使用洗涤剂的时候，也不用含表面活性剂的，而是用肥皂。对于顽固污渍，就配合小苏打使用。要是有小苏打糊，就非常方便了。在里面一点点加入液体肥皂，熬制成自己喜欢的浓稠度后，装到空瓶里。虽然完全是天然成分，但糊锅，锅上的黏着物，以及餐具上的黄渍都能用它清洗干净。

经常使用的刷帚中，有用来洗锅或洗菜的“精用”刷。
毛芋头或者牛蒡等，想带皮食用的根菜类也能用它洗干净。
另一个是用来刷水槽或燃气灶之类的“粗使”刷。

对于锅的烧痕或黄渍，小苏打糊能大展身手。
从年长的朋友那边转让过来的铝锅，推测也是用了四十多年的东西了。
“听说要丢掉，觉得可惜就要了过来。”

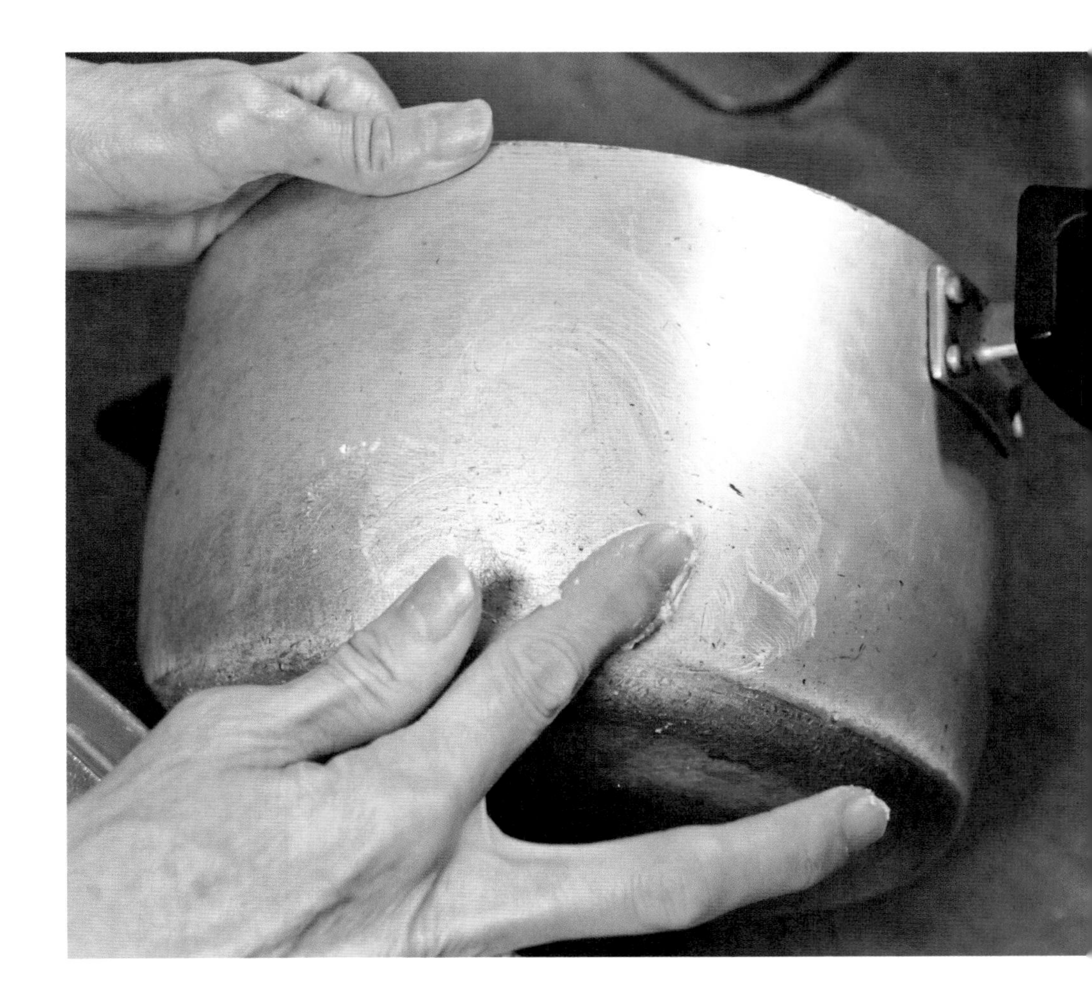

使用喜爱的工具就会快乐

这是谷中的店面达到今日规模以前的事了。负责看店的时候，有位来买盘子的年轻作家，说了如下一番话：

“一直以来都从百元店购齐餐具，而事实上，还是想用自己喜欢的餐具用餐啊。”

那想法真是棒极了，至今依然留在我的记忆里。或许对我而言，手缝抹布或棕榈刷帚，也是同样的存在。自己的厨房里放什么东西，是仅限于当事人的小讲究。用顺手的工具，喜欢的器皿，只要如是可以心情变好，就无可厚非。要是因此能做出美味佳肴让对方吃得开心，那就更高兴了。

我开始使用粗家什，也是因为凑巧以此为生计。最近切实地感觉到，虽不至于夸张到没有这些就做不了家务，但正因为是自己扎扎实实去看去触摸，心满意足选出来的物品，用起来才更富有乐趣。

清爽厨房的范本

身挑粗家什店和主妇这两个担子，前前后后也过了二十年了。工作回来就直奔厨房，立刻开始准备晚餐，这种事应该也持续了同样的时间吧。从开始主妇的工作，到听到“要开动咯”的声音，一刻都不停歇。但能回到自己熟悉的厨房，使用自己喜欢的工具做饭，于我便是非常幸福的时光了。

我的榜样，至今仍然是以认真的姿态生活的婆婆。无论是料理还是裁缝，只要有不懂的问题，她都会立刻给我解答，而且永远不变的端庄持重。厨房里爱用的家伙什，按说也有些年头了，但一到婆婆手中，不知为何就会看上去洁净如许。每次看到这个样子，我就期盼之后自己的厨房也能有那种氛围。

建造这栋房子时，以憧憬已久的整体橱柜搭配鸟取民艺餐具架，打造出一间“梦想厨房”。
厨房与用餐的起居室之间，用柜台隔开。

婆婆手工制作的化妆水。
用柚子的果实与烧酒制成。
做完碰水的工作后涂上，会迅速吸收，肌肤湿润充盈。
“一直都是跟婆婆要，自己还没有做过呢。”

向“生活的工具·松野屋”的松野绢子女士咨询

抹布的缝制方法

下面给大家介绍，从生于大正年间的婆婆那里学来的抹布缝法。好用的抹布有三个条件。首先，叠起来之后，大小可以收到手掌里。其次，柔软度适当。最后，是易于晾干。从澡堂那里拿到的薄毛巾就刚刚好，一块毛巾可以做两块抹布。

制作的要点是中间加上一块薄点的布，并用粗针脚缝制。我家都是在毛巾中间加上一块手巾，不过手帕或者旧衣服，这些家里有的东西也可以。线也可以用线头。那样，一块里就会做出各种颜色，很有意思。

如果用缝纫机缝制就会变成一块针脚细密、硬硬的抹布。这样的话，无论是擦东西还是拧水都很难用，所以还是推荐手工缝制。除了边框以外，用任何缝法都可以。请试着用自己喜欢的方式去做吧。

*平伏针缝法：和式针法的一种，表里均用同一针脚的缝法。与“撩缝”相同。下面的这块抹布就是用松野女士所说的“粗粗拉拉”的粗针脚缝好的样子，是用约1cm的针脚缝制出来的。

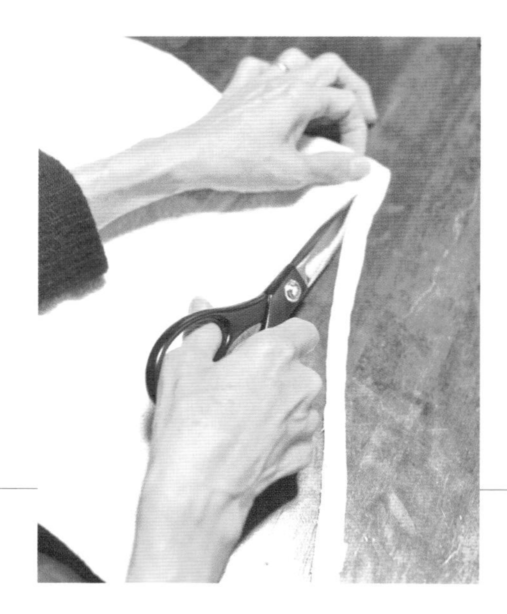

1. 剪开毛巾

把毛巾按长的那边，对半剪开，裁掉硬硬的毛巾边。

2. 裁开手巾

按照剪开再对折后的毛巾大小裁剪手巾。

3. 夹上手巾

将毛巾对折，中间夹上手巾。
这样，就比只用毛巾结实得多。

4. 穿上大头针

四角穿上大头针，固定毛巾。

5. 按照由外向内的顺序缝制

首先按针脚1cm的宽幅用平伏针法缝制边缘，四边缝好之后再缝内侧。
我都是按照大致相同的宽幅，缝制成“コ字形”。

6. 缝制完成

内侧的缝法按自己的喜好。
只要夹在中间的手巾可以被牢牢固定住就OK。
最后不要打结收针，而是回缝一针。

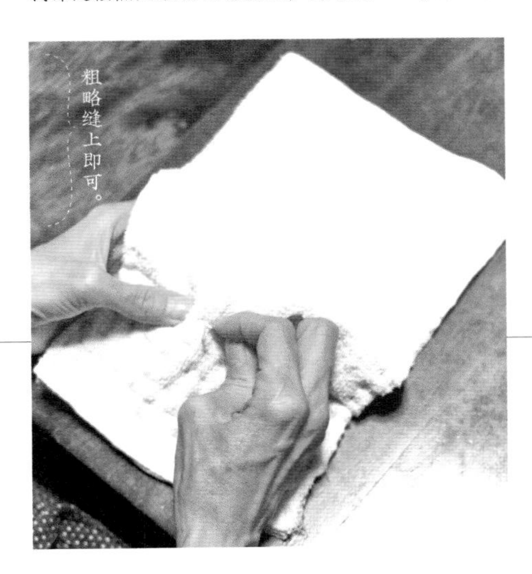

周而复始的厨房工作，

如何才能每天都用好心情来面对呢？

不要浪费，使用干净。

同时，不忘感恩，每日都重回起点。

——那须特拉比斯修道院

那须特拉比斯修道院：1954年，由巴黎传教会的弗洛雅克（Flaujac）传道士，在宫内厅转让的土地上设立。隶属罗马天主教会，是创立于1098年的西多会的修道院。在这里，以“祈祷，工作”为信条，将生活奉献给每日七次的祈祷、劳动和读书。是继函馆、西宫、伊万里之后创立的日本修道院。作为劳动成果之一的特拉比斯法式烤薄饼也非常有名。

迎来诞生半世纪纪念的特拉比斯法式烤薄饼。

只是用小麦粉、砂糖、黄油、鸡蛋做出的朴素味道，却传承着从比利时教父那里学来的配方。

为在修道院投宿的客人，奉上手工制作的馒头。
揉好面团后包上馅，上锅蒸熟。
偶尔修道人员一起享用甜食时，也会纯手工制作。

“祈祷，工作”的信条

我们的修道院地处栃木县与福岛县的交界处，坐落于那须连山的山脚。在“祈祷，工作”的信条下，这里的生活由每天七次的祈祷和劳动、读书构成。

一日的初始，是凌晨四点的“晚课祷告”。大家身着名为“可可拉”的祷告服，静默地进入圣堂。早上在走廊里，姊妹们即使相互照面也不会交谈。这份安静不仅限于祷告的时间，用餐和工作的过程中也是一样。无论是在农场播种时，还是在点心作坊做法式薄饼时，基本都是沉默不言。这是为了在此期间，让内心一直倾听神的声音。所以修道院里总是一片寂静。坚守着戒律中“不断祈祷”的教谕，让自己始终面向神明。

如今在这里，有四十多人共同生活。虽然彼此之间很少交谈，但我们都向着共同的追求，互相鼓励、互相支撑，这一点上如同家人一般。我们一边同衣同食同宿，一边在生活中，纯粹地探寻着“生而为人的活法”这一问题的答案。

终极的
简约生活

在进入修道院之时，要将此前所拥有的一切放下。那之中也包括人际关系和家人。这是为了舍弃昨天的自己，在新的环境中，每日重获新生。

为什么要选择这样的生活，每个人的背景都不尽相同。但共通的一点是，在开始修道生活后无一例外地，每人的内心都获得了前所未有的自由。朴素但足以心满意足的饮食，完成被分配的劳动，每天重复这样的生活，可以令人充分琢磨对自己来说真正必要的是什么。没有无用、冗余与奢侈，这或许可以称为终极的简约生活。

包括厨房在内，关于吃的林林总总的营生，也都遵循这一精神。耕田种地，米、蔬菜、豆类以及水果都自给自足。正餐一天一次，做好的饭一次吃完。在加工和保存上下功夫，尽量不产生垃圾。我觉得正是这种将每一天都百分之百过好的习惯，使我们的身心得到了净化。

红屋顶木质牛舍，依然保持着修道院创立之初的样子，历经东日本大地震也依然完好无损。
现在那里不再养牛，而是作为仓库使用。
旁边冷杉树的成长，诉说着岁月的故事。

在田里施上混合着落叶的堆肥，开始养土。
从农场刚刚寄过来的大个儿南瓜，正是“大地的果实”。
切成两半后，立刻露出鲜艳的橙色果肉。

“自给自足”，以此知足

修道院里的农场，是六十年前创立修道院的姊妹们开垦的。我们在这里种植大米、豆子等应季作物。小豆以及黑豆等豆类食品，对于平时不吃肉食的我们，是重要的蛋白质补给源。其中特别是大豆，因为每年要准备味噌酱或黄豆粉，所以会比其他的多种一些。

从田里送来的蔬菜是大地的果实。由于蔬果上常常带着泥土或有虫眼，所以分拣也是一个辛苦活儿。不过，亲手接触到泥土与蔬菜，就会真实地感受到“这才是生活”。之所以可以坚持不使用任何农药或化肥，也是多亏了这种真实感受吧。为了维持珍贵农田的肥力，也为了以此为生的大家的生命维系，我们用落叶做堆肥，熬干辣椒的水分用以驱虫。虽然多少花些时间，但用这种方式，我们的内心也能无比平和。

从信奉效率第一的社会眼光来看，这种做法也许已落后于时代。然而，用自己的双手创造自己的食物，是非常符合人类身份的做法。我们通过自给自足的生活，来学习知足之道。

味噌酱●将收获的大豆，加上用自家大米制作的曲种混合发酵而成。大豆3斗，前一天用水泡发，从早晨5点开始，用半天时间蒸煮。

从农场远观点心作坊和作业楼。
整个冬天都在休养生息的土地，会在每年大约过了四月的复活祭的时候苏醒。
新绿齐抽新芽，樱花盛开的那须之春，也由此开始。

早晨5点开火，大约煮5个小时。
用大铁锅煮上一斗五升（约27L）的大豆，重复煮两次。
用修道院周边自然生长的枹栎树做柴火，非常耐烧。

一点不剩，
享用自然的全部馈赠

即便是事先考虑好按计划播种，当丰收季来临时，有时收获任务也会一股脑挤到一起。虽然收获的成果，有些尚未长成，有些又长老了，还有一些外形不好，不上不下的，但我们也不会将其丢掉。大家会把自然的馈赠，丝毫不浪费地全部享用，为此，绞尽脑汁去思考利用方法也是我们的信条之一。

到了夏天，把不断收获的阳藿做成西式酱菜，白菜外层散开的叶子，放到太阳下晒干，储藏食用。将橘子皮哗啦哗啦风干透，撒到田里，可以有效防止大葱生病。梅子，就做成梅干或者酿成梅子酒。虽然果树的数量比之前一段时期减少了不少，但只要木瓜或枇杷结果，就按照需求的分量，加工成果子酒。甜味就靠便宜的三温糖来调取。冰糖价格高，用这个就足够了。

腌菜缸、果子酒瓶、纸箱等工具类也一样，都是轮着使用很多次。只要愿意坚持一直用下去，很多时候，不用特地去买也够用。能不能发现它们的用武之地，就全凭使用人的心思了。

成色一般的白菜，没长大的萝卜，都放到太阳下晾干。
之后，用水泡发，再做成腌菜。
在用温室棚做的干燥室里，把秋天收获的花生摊开一大片晾晒的样子，蔚为壮观。
阳光下晾晒，也是重要的保存方法之一。

配合
自然规律去工作

农场里的一年，有着配合春夏秋冬四季变换的工作节奏。三月中旬，酿好味噌酱，就要培起田垄，引水灌溉，开始准备农田。这里的花季比平原来得晚些，待到樱花盛开时，就该种植土豆或菠菜了。插完秧之后，又要迎来西红柿、青椒、土豆等夏日蔬菜的丰收季。割完稻子，收获了冬季的蔬菜，随之而来的是修道院一年中最盛大的庆典——诞生祭。之后，修道院便进入短暂的冬休。

这样遵循着自然循环与戒律，规律严明的生活，每天都在平平淡淡中度过。虽然生活中没有太多刺激，但在循环往复之中却孕育着安稳。即便是愤怒或悲痛，心情浮躁的时候，时辰一到，去到田间工作，不知不觉间就沉溺在工作之中了。这种姿态，是在生活中自然而然形成的。

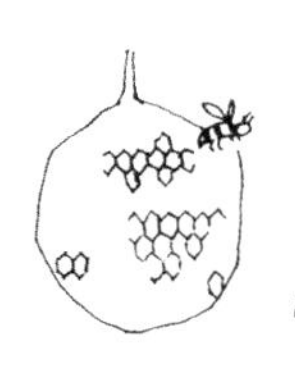

日常●蜂箱曾经遭到熊的袭击。日常的营生，也会发生难以预期的事故。不要慌，到时随机应变地去考虑自己能做的事情就好。

不管意志有多坚强，独自一人也会有自我妥协的时候，我们深知这个道理。无论是谁，靠一己之力去坚持到底总是很艰难。正因如此，有规律的生活，才能在我们通向理想或目标的路途中，助我们一臂之力。

日照充足的斜坡上放置的蜂箱。
一到春天，蜜蜂就飞到附近的油菜花田去采集蜂蜜。
以前曾有二十多箱，现在因为人手的关系，减少到了三箱。

挂在农场休息室墙壁上的日历，提前在上面记上当天的工作安排。
做曲种的准备、温室的准备、播种等，一切都按照计划开展。

今日的主菜是金枪鱼肉饼。
要提供给客人的都揉成丸子，为修道院准备的则平铺到平底盘子里烤制，大家各自分取。

纵使不费功夫
至少饱含爱意

大豆的五色煮、凉拌萝卜以及白菜味噌汤。三餐中最主要的午餐，以简单的蔬菜料理为主。因为祷告才是我们生活的主轴，所以日常中把能省的功夫都省了，努力发挥食材本身的味道。

负责伙食的人每天早晨八点三十分进入厨房，实实在在地工作三小时，做出约四五十人份的饭食。菜单都是提前三天定好的，并考虑可以用同一食材变换不同的搭配。比如，做土豆料理的话，第一天炖土豆、第二天拌土豆沙拉、第三天就换成土豆薄片奶油焗。这样口味上有变化，就不会吃腻，削皮等备料工作也可以一次性完成。

在有限的条件下，有条不紊地合理安排。在家里做饭不也是一样的吗？即便很忙，食材简单，但难得一同进餐，还是希望大家都能享用美味。也正因如此，才要拼尽全力去思考做法，每天饱含爱意去准备饭食。虽说这里是大家庭的餐桌，但也像为小家庭做饭一样，每天以母亲的心情面对厨房。

土豆●若是拿定了主意今天做，就把三天的分量统一削皮，泡到清水里，放入冰箱。只要每天换水，存放一周都没有问题。

对简单的饭食心存感激

因为会好好吃午餐，所以早晨就简单喝些牛奶加自制果酱，或者酸奶加坚果，以及手工面包（或者米饭）。晚餐也是吃些中午的剩饭，或者小菜配汤，再加个煮蛋之类简单解决。不追求奢侈，面对着朴素的饭桌，也仍不忘一粥一饭来之不易，牢记即便是这些饭菜，得来也不是理所当然。

齐心协力获取每日的食粮，维持生活，不论是在我们这样的共同体，还是一般家庭中都是一样的吧。大家在农场、在厨房、在点心作坊一起劳作，正因为有了那些成果，我们才有饭可食。想到这里，心中就会自然地涌现感激之情。不要去想这也不够、那也不足，而是要对现有的东西，对获得的东西常怀感恩之情。只要能做到这一点，即便是简单的饭食，也能十分满足。

享受奢侈品、稀罕物即便会开心，但那也只不过是“偶尔”的附加之物。真正意义上的内心满足，是对理所当然享用的日常饭食心存感激。

早饭从7点半左右开始。

虽然也吃面包，但吃白米饭或糙米饭的时候，配菜就只是梅干和拌饭料而已。

凌晨3点45分起床之后，完成默祷、读圣经、弥撒等日课之后，全员一起吃早餐。

为了每天都重获新生

“在修道院，老人也光鲜亮丽，干劲十足。大家都还年轻着呢。”

每月一次，从东京来修道院教习圣经的姊妹，经常这么说。修道院里没有退休一说，所以已经九十岁的最年长姊妹，也依然做着给法式薄饼装袋等工作。如今同大家一起工作，依然是她快乐的源泉。

在这里生活，就会渐渐感受到：劳动，是我们请求神和身边的人允许我们做的事。在此过程中，我们收获了来自他人的感恩之情与自己能够帮助别人的充实感。有了这些，就能以轻松的心情过完这一天。

在厨房工作时，只要在做饭、扫除或者整理时，在内心的某个角落想着，这是“请求别人允许自己做的”，那么即便是劳作过程有些辛苦，也会因此而有所改变吧。用充实感结束今天一天的生活，然后，从明天开始，期待自己的新生。

在食堂，大家按固定的座位就座。
桌子的抽屉里放着修道院的名牌和餐具垫。
“饭食，是身体的养料。”因此，食堂在修道院里也被看作特别重要的地方。

那须特拉比斯修道院

酿造味噌的方法

据说要大寒之后，一年中最寒冷的时节来下味噌酱才好，因而这里的惯例是三月的第一周或第二周下酱。

材料是大豆3斗（约54L），米曲3斗9升(约70.2L)，食盐20kg。自古就按这个比例，下出来的味噌甘味得宜又酱香浓郁。制作顺序是先把大豆煮透，后压成豆泥，再拌入混合好的米曲和食盐，装入大木桶内。仅此而已。虽谈不上是技巧，不过大豆要趁热压碎，再与米曲和食盐混合。因为冷却后就不容易处理了。

修道院里，直到去年都还要靠人工压豆。今年收到了一台退下来的法式薄饼搅拌机，用上之后，瞬间就压好了。

虽然下好的酱过了夏天就能吃了，但在这里，味噌向来都要发酵上两三年，待到熟透的时候才食用。

*修道院的味噌是从米曲开始做起，对于一般家庭来说，买现成的米曲来做，就比较轻松了吧。煮大豆时，如果搅拌，大豆就容易碎掉沉底，造成糊锅。所以还是一边注意着不让沸水溅出来，一边用能让大豆慢慢翻滚的火候，耐心地熬煮吧。

1. 发酵米曲

蒸好米后，撒上种曲粉，在35℃的温度里发酵40个小时。然后，拌上食盐备用。

2. 煮大豆

大豆用水浸泡一夜泡发，煮软至用手轻捏即碎的程度。水量没过豆子即可。

3. 压豆泥

煮好大豆后趁热压泥。
也可以使用擂槌或者料理机。

4. 混合

把压好的豆泥与做好的食盐+米曲的混合物均匀混合，并团成球状。

5. 挤出空气后放进大木桶内

大木桶事先用酒精擦拭杀菌，把团成球状的豆泥用力地丢入桶内并压紧，这样可以挤出空气防止发霉。

6. 完成

密封之后，上面压上重石，放置到阴凉处。
夏季过后就可以吃了，不过发酵一年后则会更增添浓香与风味。

发酵三年后，米曲就会融化，甘甜的味道也就出来了。

想稍事休息的时候，

厨房能为我们做些什么？

请备好喜爱的甜食，简单的东西也没关系，会成为美好的回忆哦。

——料理师 城户崎爱

城户崎爱：生于1925年。东京家政学院大学客座教授。于东京会馆料理学校学习法国料理、日本料理以及中华料理。之后，赴巴黎蓝带厨艺学校学习传统法国料理。1959年作为料理师出道。担任NHK“今日的料理”节目常驻嘉宾四十余年。出版过“红头发安妮的手作绘本”系列（镰仓书房）、“爱心阿姨”系列（镰仓书房）等多部著作。

连续七十余年，使用同一种配方制作的甜甜圈。

隔日之后变软也同样美味，放到事先留存的曲奇或巧克力罐子里，用来“分享甜蜜祝福”，很受大家的喜爱。

1929年发行的《料理相谈》。
战争时期曾反复翻阅，来想象那些未曾见过也未曾吃过的料理。
左侧照片中可以看到“泡芙”“火腿蛋”的字样。

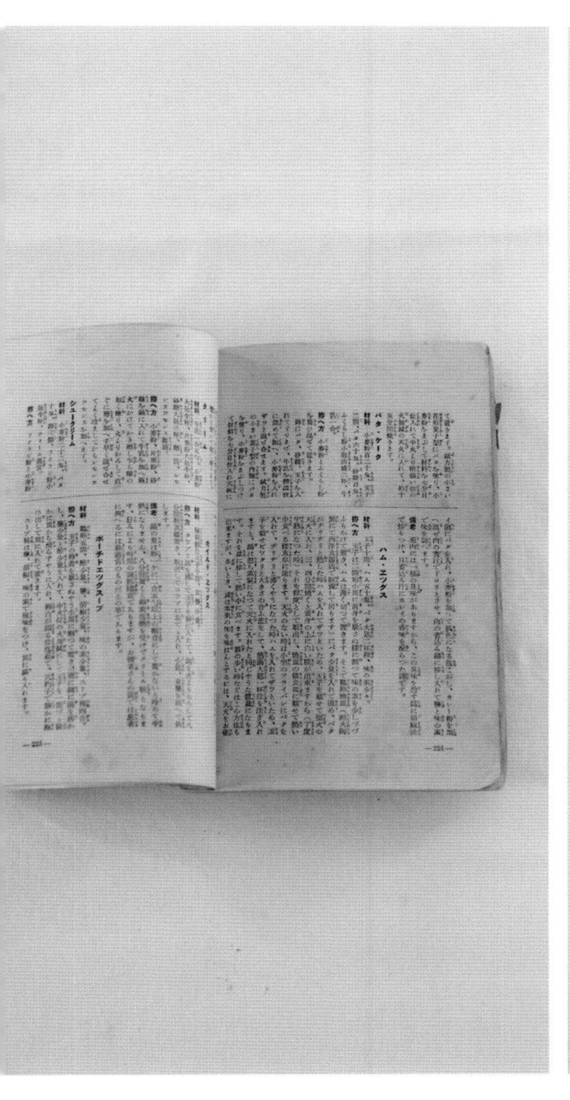

开启料理师人生的契机

最初做料理的动机，源于父亲送我的《料理相谈》。那是一本昭和四年（1929年）发行的纯文字版的料理书。即便如此，上面也刊载了和洋中三种食谱，外加点心的做法。记得当时还是学生的我，曾反复翻阅它，激动得心潮澎湃。

推荐我去读东京会馆料理学校的人，是我的丈夫。无论是父亲还是丈夫，可能因为我身边的家人，多是一些“吃货”吧，我对料理的兴趣也由此开始。而大家称赞的“好吃”，则是我得以坚持至今的原动力。回过神时，竟然已经出版了数十册著作，并在NHK的“今日的料理”节目中登台近半个世纪！若年轻时的我知道这些，一定会大吃一惊吧。

开始料理家的人生，是从巴黎回国之后。丈夫曾外驻巴黎，我陪他一同在那里生活了一段时间。当时有人跟我说：“想学习简单又时尚的西式料理。”之后我用在日本也能买到的食材，使用普通家庭里就有的厨具，做出了改造版的西式料理，结果大受好评。在那个连水芹、杏仁或葡萄柚都很罕见的年代，不是去说“没这个不行”，而是建议他们“用这个也可以哦”，好像也因此受到了大家的欢迎。

饭后的甜点
可以带来幸福

开始到东京会馆料理学校学习，是新婚之后不久。因为城户崎家是那家料理学校的粉丝，所以去上课的时候，大家总是笑盈盈地送我出门。在专业厨师的严格指导下，认真学习，回来后就在家复习。公公婆婆都对此满怀期待，我自己也是鼓足了干劲。大概是因为自己成长在一个质朴刚健的家庭，所以城户崎家这种充分享受美食的家风，对我而言完全是新鲜的体验。

如今想来，饭后吃甜点的习惯，兴许也是从那时养成的。不拘从谁口中，只要出现“真好吃啊”的声音，那便是同做饭全然不同的幸福。吃的也不是什么奢侈的东西。要么就是大量制作后储存的曲奇，或者是稍微加了些奶油的水果。即便简单，但餐后吃点甜点，整个菜单都显得丰盛了。可以让用餐的人发自内心地感觉到“真好吃啊，多谢款待！”也能让这一餐有一个好的收尾。

一个家庭里可以如此交口称赞美味，是件非常幸福的事。多亏了有甜食，回忆中的餐桌，也更丰富多姿了。

我的第一本著作是《料理课程·西洋料理》。

那是用“爱心阿姨”的昵称署名的人气系列，曾多次出版，从昭和到平成①，为很多人在制作料理时指引方向。

① 日本年号。昭和时代是从1926年12月25日至1989年1月7日，平成时代是从1989年1月8日至2019年4月30日。——译者注

女校时期，送给公认的“可怕老师”，甚至能让她莞尔一笑的“甜甜圈”。
心形筐子是因为和“爱心阿姨”的昵称有关而收集来的物件。

“洋风”的感动，甜甜圈的味道

在我还小的时候，一说到甜食，还是以红小豆制作的点心为主流。回想起来，那时经常吃的零食就是铜锣烧。用作餐后食（当时曾经这么称呼点心）的，是妈妈煮的年糕小豆汤，或者从别人送的羊羹上切下来的一小块，那时的我，曾对这些甜点十分期待。

读书之后，第一次制作的点心便是“甜甜圈”。家里没有烤箱，用饭锅也可以，材料也很简单。充分发挥面粉的质朴口味，炸好出锅后，撒上满满的糖粉，第二天糖粉渗入其中，那时享用口感最佳。虽然很简单，但无论是口感还是外观都有洋风的感觉，我很喜欢。我曾反复一边看配方，一边制作，《料理相谈》的那一页，为此沾上了很多油渍。同时，毕竟是以前的书，还要把上面“面粉百文目，砂糖四十文目”这样用尺贯法[①]写的材料，换算成克呢。记得当时，仅仅为了能让大家满怀期待，觉得美味吃得快乐，就足够令我开心地沉溺其中。

从那以后，一提到点心，我就会想到这个甜甜圈。至今仍坚持使用同一个配方，兴许也是因为最初体味到的“洋风”所带来的感动在我心中久久无法忘怀的缘故吧。

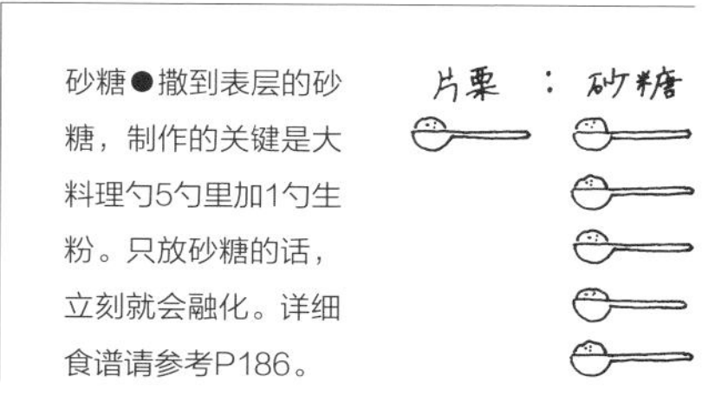

砂糖●撒到表层的砂糖，制作的关键是大料理勺5勺里加1勺生粉。只放砂糖的话，立刻就会融化。详细食谱请参考P186。

---

①尺贯法，日本古代度量衡。“尺”为长度单位，“贯”为质量单位，“文目”是贯的四分之一单位，1文目约等于3.75g。——译者注

靠“独家甜食”营造美满家庭

现在的妈妈辈们，应该有很多人和我一样吧，第一次制作的点心，就是甜甜圈。面粉、砂糖和鸡蛋之类是家里的常备品，也无须专程去买，锅和料理筷等工具也一样。平时就可以用家常之物制作，应该就是大家开始手工制作点心的出发点吧。

即便是同样的配方，稍微做一点调整，就能做出不一样的东西来，这正是在家制作的乐趣所在。

炸面圈若用色拉油，则口感爽脆；若是用炸天妇罗的油，则口感浓郁。砂糖的口味也要调整哦。

如此这般，一个家里有一种每个家庭成员都翘首期盼的“独家甜食”，是家庭美满的秘诀所在。就拿甜甜圈来说，近来也有不少加奶油或巧克力等做法考究的配方。但越是百吃不厌的口味，日后才会愈发怀念吧。使用身边寻常的材料制作，口感低调不张扬。这正是昭和时代家常甜甜圈的特色所在。

手作点心●每次都多做一些送人，也经常和大家分食这“甜蜜的祝福”。甜甜圈放到空盒子里，下面铺上锡箔纸，注意摆放的时候不要叠到一起。

昭和五十五年（1980年），在改装厨房时增设的配膳室。
从天窗上会洒下柔和的日光。
我们家的规矩，一直都是在这里盛饭。

甜食是心灵的良药

注意饮食生活的人在增多，最近，砂糖容易被当成“恶人”。但是，身体明明很想吃，却一直忍耐的话，最终人会变得易怒或冷漠。吃点甜食，心就会忽而变得柔软平和，情绪上也能重拾温柔。甜食自然是要甜才好呢。我的点心配方里，之所以实实在在地调出甜味，也是出于这种考虑。

从外面买来的点心也是一样。比如，令人着迷的好时巧克力便是如此。只要放一颗入口，就会感觉“好幸福”。好时面向孩子，控制了苦味，口感柔和，也是我喜欢上巧克力的契机。它温柔的味道，像是渗入了战后那个年代，我至今也无法忘怀。坐落于东京九段下的格兰皇宫酒店里销售的磅饼，也是令我怀念的点心。充分加入自家酿制的橙汁啤酒，那份从创业以来就不曾改变的味道，也有着浓厚的甜味。听说欧美的客人也非常喜欢，可能对他们来说，这也是可以追忆往昔的点心吧。

甜味是幸福。守护这份味道，也是非常可贵的。偶尔去享受它，摄取的糖分只要在其他地方控制一下，我想，无论对身体还是对心灵，都恰到好处吧。

战后，进驻军曾带来风靡一时的好时巧克力。
东京九段下的格兰皇宫酒店制作的磅饼，直到现在也依然保留着创业之初的味道。

伴随着巴黎派遣时代回忆的杏仁水果糖。
“是传统又优良的法国家庭点心。”
散发着淡淡的洋酒清香，晚茶时间吃也刚刚好。

在法国
学到的家常点心

达尔巴斯夫人，是丈夫在巴黎赴任期间，与我关系亲密的珍贵友人。她是有着日本人血统的伯爵夫人，从习惯到仪表，教会了我很多东西。

有一次她送给我的礼物是“杏仁水果糖”。每一颗都裹着可爱颜色的“砂糖妆”。我记得，那是令人着迷的成熟口感，只要咬上一口，洋酒的香味就会轻轻飘散开。听说，放些时日之后，酒香就会融入其中，味道会变得深沉浓郁。我当时便由此得到了灵感：这味点心适合做好后储藏。放到日本来说，应该就是像干果的那种感觉吧。有空的时候做好放着，用作茶点也好，突然有客人来访也不会慌张了。做法仅仅是把杏仁粉混合上砂糖，同洋酒一起熬制凝固，再用核桃或梅脯夹起来就可以了，非常简单。虽然不高调，但也潇洒时尚，我曾深深地感慨：这正是法国家常点心的特色啊。

另外，夫人很擅长摆盘。就算是市贩的饼干，认真摆到银制器皿上的话，看起来格调也会不一样。不花大价钱，用点心思就能做得赏心悦目。这也是我从夫人那里学来的宝贵智慧。

配膳室的一面墙上装着嵌入式餐柜。

横架上摆着红茶的空罐。

重达100kg的特别定制料理台。
大桌面用的是当时很少见的不锈钢材质，和助手一起工作的时候也很方便。

新婚时代，从在婆婆旁边学习料理的时候开始，历经两次改装，才成了现在这样的厨房。
墙上贴着瓷砖，工作用的明火燃气台旁边，调味料整整齐齐地摆放在厨具架内。

厨房，把使用方便放到第一位

即便成为料理师，开启了繁忙的日常，我的工作场所仍是家里的厨房。在这空间大小同一般家庭无异的厨房里，放着一张盖着花纹桌布的木桌。不过，因为是二十世纪四五十年代建造的，设备也渐渐变得老旧了。想着趁此机会，就自己设计吧，于是决定请人装修厨房。我想在那个时代，女人竟然自己设计厨房，应该是很少见的。然而，我也当上了专业料理人，深深地感受到高效率的厨房比什么都重要。一边看设计图，一边跟设计师商量，用自己的方式挑战一下，也相当有趣。

现在的厨房，大致是个正方形的空间。对着正面的水槽开了一面窗，左手边是三个燃气台和一台嵌入式烤箱。料理台设置在屋子的正中央。这是以自己就读的东京会馆料理学校的料理台为模板，完全私人定制的考究物件。四面设有柜子和抽屉，桌面使用的是当时很少见的不锈钢材质。采用可以轻松延展的蝶式设计，同助手们一起工作，也明显变得容易了。

如此建成的厨房，所有的物品都伸手可及，完全无须任何无用功。即便是空间紧凑一些，也要把使用方便放到第一位。有一个适合自己的厨房，做料理也会变得快乐起来。

可爱的器具
可以放大梦想

我学习的是正统的法国料理，但当身份变成老师之后，就把烦琐的料理程序换成了在家也能轻松制作的方法，“用这个法子做也可以哦”，并以此为自己的信条。另外，让别人猛地一看就能感觉“好时尚啊！”“真可爱！”的功夫，也非常关键。比如选择餐具和工具，若它能撩动少女心，或者可以丰富料理或点心的形象，那么就会产生做料理的欲望吧？

在巴黎发现的料理器具，或者跟我的爱称“爱心阿姨”相关联的心形制点心的器具，更是尤为让我爱惜。之前也没有造型师，所以拍摄杂志的时候，它们可是帮了我大忙。

从《红头发安妮的手作绘本》开始，在还原故事中的菜单时，它们也给了我无以计数的灵感。这个场景的话，用这种点心如何？这个人物的话，一定适合这种类型，如此这般，器具大大地放大了我的想象力。只要有可爱的厨房器具，无论是日常还是特别日子的餐桌，都能赋予我们许多美好。

《红头发安妮的手作绘本》
●由镰仓书房于1980年发行的系列绘本。为再现“红头发安妮”中登场的料理与点心，我参与了菜谱的设计。

以从巴黎回国时买的点心模具为主。铜制的咯咯霍夫（kouglof）模具，锡制的布丁模具在当时还很难从日本买到。也有很多跟“爱心阿姨”有关联的心形器具。

长驻海外，擅长五国语言的丈夫，是位美食家加大胃王，也是一位对料理工作有深入了解的人。
昭和二十三年（1948年）建成的房子里，处处都装饰着能唤起我们回忆的照片。

增加“美味”的共同点

回想起来，三世同堂的生活长久以来可以相处融洽，也许是因为大家吃着相同的食物，并可以发自内心地称赞其美味的缘故吧。刚刚嫁过来的时候，有一次吃到婆婆做的寿司，非常吃惊，因为那关西风的甜口调味，竟然跟娘家做的一模一样。事后才知道，婆婆年轻时代也是在关西度过，甜口寿司饭就是那时学到的当地味道。对于还是新媳妇的我，那样一个小小的共同点，也能成为内心的支撑。

要是拿点心为例，浮现到心头的还有拔丝地瓜。虽然都说地瓜好似天经地义是女生的喜爱之物，然而我家公公也喜欢吃。好像用来补充食物纤维也很有助益，公公有时甚至来要求我：“小爱，差不多该给我做点拔丝地瓜了吧。”一道简单朴素的午后点心，一起吃一起笑才是最珍贵的。

虽说是家人，但要喜好百分百相同，则是十分困难的事。不过，要是“美味”的感觉能够契合的话，就能变得轻松些。另外，即便是一点一滴，如果共同点在增多，那么漫长的人生，就算是非常成功的了。

甜点
在悄悄拯救我们

一本食谱从开始设计到完成，也是经历连续失败的过程。尤其是蛋糕和派等点心，单拿发酵方法这一项，就有可以称之为科学试验一般不断尝试的缘由。到目前为止，我获得了不少出书的机会，都正是所谓的“连续失败，积累失败之后完成的食谱”。可谓是辛劳的成果。

制作点心，任何一道工序都不可取巧省略。计量和温度控制都很费工夫，不过若是成品很棒，所收获的喜悦也就尤为特别。烤箱里飘出来的香气和美味，会一直留在品尝人的心里，我觉得这正是甜点的迷人之处。

话虽如此，总是靠手工制作的话也很麻烦。市面上的点心，只要选择得当也很不错。重要的是，家里有人疲惫的时候、情绪低落的时候，在安抚他“喝杯茶吧”的时候，能不动声色地端出茶点。仅此，心情就能舒缓下来。家人爱吃的店家的布丁，自己中意的巧克力……只要时常留心稍微准备点甜食，家人也会多展露些笑颜。

“厨房也是女人放松的地方。”

时刻把干净与易于工作两项放在心头，在自己设计的厨房里，每个角落都随意地放着心形器具。

自己喜欢的东西，永远在身边。

至今仍在制作的点心的原型

老式甜甜圈

下面给大家介绍，我在学生时期，第一次制作的甜甜圈的做法。

这是与昭和四年（1929年）发行的《料理相谈》相同的配方。虽然现在也有人用薄饼混合粉来做，不过用低筋小麦粉制作，又是不同的美味。

要是做给孩子们，他们一定会喜欢的哦。

材料（24份）

低筋小麦粉……375g
发酵粉……小料理勺2勺
砂糖……150g
鸡蛋……3个
牛奶……大料理勺5勺
黄油……大料理勺2勺
香草精……少许
色拉油……适量
干面粉……适量
完成时撒的砂糖……大料理勺4～5勺
完成时撒的生粉……大料理勺1勺

做法

1. 把低筋粉和发酵粉一起过筛。
2. 将牛奶和黄油用微波炉或小锅煮融后备用。
3. 把鸡蛋打入大碗，轻轻打起泡，往里面分2～3次加入砂糖。同样加入香草精。
4. 将1的混合粉，与2的液体交替加入，大致混合搅拌一下，揉成面团。
5. 放入冰箱冷藏1小时左右，使面团稳定。
6. 揪五团放到撒好了干面粉的桌上，擀成1cm左右厚薄之后，用甜甜圈模具切成型。因为面团很软，要一点一点地分取。多余面团置于冰箱冷藏，按需取用。中间切下来的圆形部分，过油也能变成夹心甜甜圈。
7. 将色拉油加热至50℃左右，依次放入3～4块6步骤做好的面圈。用筷子在面圈中间一圈圈转动，炸至褐色。
8. 将完成时要撒的砂糖与生粉混合，趁着刚炸好撒上，就完成了。

如果有专用的甜甜圈模具，倒模就会很轻松。
如果没有，可以用茶筒的盖子或者曲奇的模具代替，次之可以用瓦楞纸制作纸模具，再用小刀沿着描线裁切即可。